西门子RWG控制平台

进阶及实践

主　编　韩嘉鑫
副主编　赵会霞　张凯旋　刘明轩
参　编　刘有兵　耿　硕　陈　磊
　　　　李云伟　姚俊平

中国电力出版社
CHINA ELECTRIC POWER PRESS

内 容 提 要

本教材打破了传统的以知识传授为主线的知识架构，主要以案例、实训任务为载体，对相关知识点、技能点进行剖析、阐述。本教材共7章，主要内容包括暖通空调控制基础知识、多功能通用控制RWG简介、RWG控制器硬件构成、RWG编程工具入门、逻辑功能块、应用案例及实现、RWG控制器与物联网的结合。

图书在版编目（CIP）数据

西门子RWG控制平台进阶及实践／韩嘉鑫主编．—北京：中国电力出版社，2022.11（2023.9重印）

ISBN 978-7-5198-5994-7

Ⅰ．①西…　Ⅱ．①韩…　Ⅲ．①自动控制系统　Ⅳ．①TP273

中国版本图书馆CIP数据核字（2021）第187946号

出版发行：中国电力出版社
地　　址：北京市东城区北京站西街19号（邮政编码100005）
网　　址：http://www.cepp.sgcc.com.cn
责任编辑：霍文婵　赵云红
责任校对：黄　蓓　常燕昆
装帧设计：郝晓燕
责任印制：吴　迪

印　　刷：固安县铭成印刷有限公司
版　　次：2022年11月第一版
印　　次：2023年9月北京第二次印刷
开　　本：787毫米×1092毫米　16开本
印　　张：11.25
字　　数：221千字
定　　价：48.00元

本书拓展资源

前　言

近年来，随着中国经济的高质量发展，4G/5G和无线等网络加速推进，与人们生活息息相关的智能建筑驶入发展快车道，越来越多的低碳、绿色建筑在各地落地，一大批新材料、新技术、新工艺如雨后春笋般涌现，并逐步规模化推广应用，传感器、执行器、控制器、网关等快速迭代应用到各个行业中。

传统的机电控制或者自动控制类专业实训教材，不能够适应物联网发展趋势下的实际应用场景，缺乏现代网络实战环境、工艺流程和技术标准，难以实现教学内容与未来从业岗位技能需求的无缝对接，不利于专业人才的培养。

西门子RWG控制器，充分结合现代物联网技术，利用自解释语言和图形化可拖拽工具，大大降低行业从业人员的技术门槛要求，具备快速大规模市场推广的条件，同时也积极推动了端-边-云物联网架构在项目中的快速落地，本书依托西门子RWG物联网控制器展开，本着实用的原则，采用基础概念、实例讲解演示、课后巩固练习的编写结构，由简至繁、浅入深出、由局部到整体的编写思路，介绍了完备的软件信息，包括编程软件的平台、硬件构成、编程工具入门、逻辑功能块、应用案例及实现、西门子RWG控制器与物联网的结合等，并详细介绍了西门子RWG控制器软件的功能及其使用方法，每个章节后面都有专为楼宇自动化控制工程而设计的相应习题来检验本章学习效果。本书内容完全来源实际工程经验总结，通俗易懂，具有较强的实用性。希望读者通过本书的学习，初步掌握西门子RWG控制器的基础架构和主要构成，以及利用简单的入门级可编程控制器完成智能楼宇中典型暖通空调等设备的应用设计和逻辑编程，为从事智能楼宇的设计、运维等工作打下良好基础。

本书由韩嘉鑫任主编，赵会霞、张凯旋、刘明轩任副主编。编写分工为：第1～4章由韩嘉鑫编写，第5章由赵会霞编写，第6章由耿硕和姚俊平负责编写，第7章由刘明轩、陈磊负责编写，习题由刘明轩、刘有兵、张凯旋负责编写，应用案例由天津滕领电子科技有限公司、北京九方世纪自动化有限公司、北京紫藤智慧农业科技有限公司、济南工达捷能科技发展有限公司、天津尧夏控制系统有限公司、北京维泰无限科技有限公司提供。本书关于RWG控制器的产品和技术资料由刘有兵、李云伟整理提供。在本书编写过程中滕进科给予了指导，并提出了宝贵的建议，在此表示衷心感谢！

限于编写团队水平，疏漏之处在所难免，恳请读者批评指正。

编者

目　　录

第1章 暖通空调控制基础知识

1.1 暖通空调简介

HVAC（Heating，Ventilation，Air Condition）控制系统的目的是通过控制锅炉、冷冻机、水泵、风机、空调机组等维持环境的舒适。

美国暖通制冷工程师协会（American Society of Heating，Refrigeration and Air Conditioning Engineer），ASHRAE 对空调的定义：空调就是同时控制温度、湿度、洁净度和气流分布以满足空间环境要求的空气处理过程。

空调通常用于满足工业工艺需要或满足人体舒适。

人体每时每刻都通过对流、辐射和蒸发这三种热传递的方式排出多余的热量来保持体温为 37℃，而温度、湿度和空气流动是三个影响人体排热能力的因素，因此为使人体感觉舒适，一般对室内环境有一定的要求。

1.1.1 温度

人体感觉舒适的温度一般为 20～26℃。热量总是从高处流向低处。温差越大，热量流失的速度越快。若周围温度低于 20℃，人体失去热量的速度过快，就会感到寒冷；若周围温度高于 26℃，则人体通过对流散热的速度会减慢，如果人体的热量无法及时排出，则人体会感到热。这个值可能会因为地区等不同而有些差异。

在世界的大部分地区，冬天加热一般维持室温在（21±1.5)℃，夏季制冷一般维持室温在（24±2)℃。在具体设计中，设计院会提出不同季节室内环境具体的温度要求。

1.1.2 湿度

空气是由干空气和湿气组成。相对湿度就是空气中湿空气的含量。100％相对湿度就是说空气中都为水蒸气，称为饱和空气。

湿气或汗通过皮肤排出。人体通过汗的蒸发把人体的热量传送到周围的空气。我们说湿度为 50%，即是指空气还可吸收 50%体积的湿气。外界的相对湿度较低，空气吸收湿气的能力就越强。人体可以通过蒸发来排出热量。若外界湿度较高，人体很难通过蒸发来排除热量（夏天相对湿度较高，人会觉得闷热难受）。日常生活中所指的湿度为相对湿度，用%RH 表示。RH 为 Relative Humidity（相对湿度）。

较为舒适的相对湿度范围为 30%RH～80%RH，若室内相对湿度低于 20%，则房间内就显得相当干燥（容易产生静电，尤其在计算机上）；若室内相对湿度超过 80%，则过湿。

1.1.3　压力

在室内和大楼内一般需维持较小的正压，这可避免外界脏空气进入，维持室内洁净。在洁净厂房中，正压的控制尤其重要。一般控制正压为 5～10Pa。有些场合则需要维持室内负压，如有毒气体室等。保持正压的方法是送风量>排风量（送风量=排风量±气体渗漏量）。

用于测量室内正压的变送器有 QBM 系列。正压端应放在室内，负压端安装在室外。

1.1.4　换气

室内空气的质量已变得越来越重要。“空调病”的出现就是因为室内没有足够的新鲜空气造成空气质量较差。提高室内空气质量的最直接的方法就是增加新风量。室内要有足够的换气量来确保室内空气的新鲜。一般来说，这就需要控制送风中的新风量。

确定新风量的方法一般有：

- 根据送风区域内所需换气的次数×送风区域的面积即为所需的新风量；
- 根据每个人每小时所需的新风量×人数。

如舒适性空调系统，新风系统所需的新风量为 31.4m^3/(h·人)。若有回风系统，则新风量一般要维持在 33%左右。

风量=风速×截面积。在每个截面上，风速的分布是不均匀的，可通过加权平均的方法获得平均风速，也可通过测出中心点的风速，乘以一定比率来获得。

1.2　现场设备概述

1.2.1　暖通空调中常见的 HVAC 机电设备

暖通空调中常见的 HVAC 机电设备结构图 HVAC 机电设备结构图如图 1-1 所示。

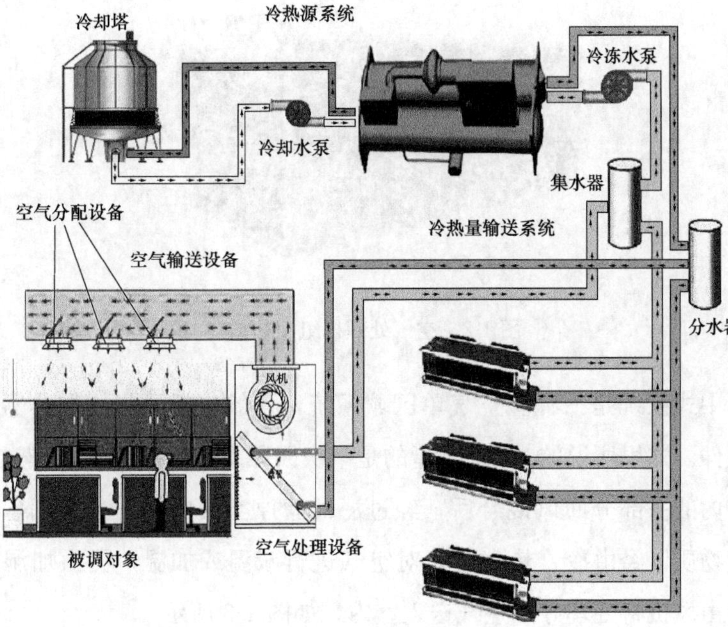

图 1-1　HVAC 机电设备结构图

1. 冷冻机房

在冷冻机房一般有冷水机组、锅炉、热交换器、水泵或热泵机组等。

2. 空调机房

空调机房内一般有空调机组或新风机组。一般的空调机组由冷热盘管、风机、过滤网、风门等设备组成。其作用是将处理过的新风、回风送入指定的区域。

3. 室内

室内的暖通控制设备一般有温控器、风机盘管、VAV 末端箱等。它们对空调机组送出的风进行调整。

4. 楼顶

楼顶一般有冷却塔、排风机等。冷却塔一定是与冷水机组配合使用的，其最主要的功能为将楼内的热量散出至室外。

1.2.2　空气处理机组

空气处理机组（Air Handle Unit，AHU）是一种集中式空气处理系统。它起源于设备集中设置，通过风管分配加冷、热空气的强制式通风系统。图 1-2 为空气处理机组实物图。

图 1-2　空气处理机组实物图

基本的集中式系统是一种全空气单区域系统，一般包括风机、加热器、冷却器以及过滤器各组件。这里所说的 AHU，指的是一次回风系统，其基本工作过程是：室外来的新风与室内的一部分回风混合后，经过滤器滤掉空气中的粉尘、烟尘、黑烟和有机粒子等有害物质，经由冷、热水盘管对空气进行减温或加温，再由加湿器对空气进行加湿，最终由风机将处理好的空气送入室内，如图 1-3 所示。

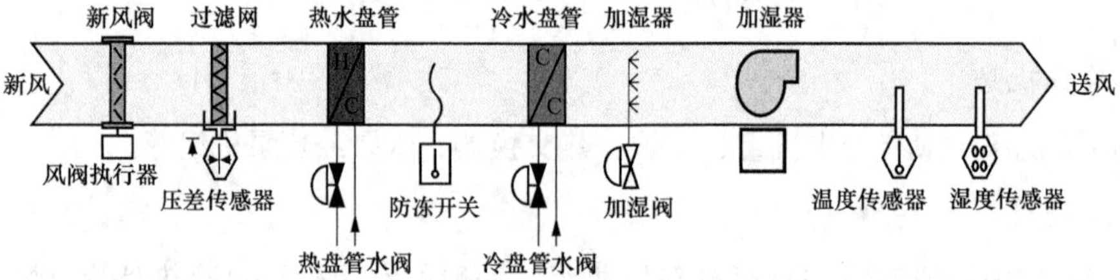

图 1-3　空气处理机组原理图

没有一次回风系统的空气处理机组也叫作 PAU（Pre-Cooling Air Handling Unit），预冷空调箱。

1. 空调机组内的传感器

（1）温度传感器。温度传感器（Temperature Sensor）按照输出的变化量不同可以分为两类：一类是随温度变化而发生电阻值变化；另一类是随温度而发生电动势变化。随温度变化而发生阻值变化的传感器又可分为两部分：一部分呈线性变化；另一部分呈非线性变化。

随温度变化而产生线性电阻值变化的传感器为线性温度电阻传感器，通常指铂热电阻传感器（Platinum Resistor Sensor），简称铂电阻；随温度变化发生非线性电阻值变化的传感器为热敏电阻传感器（Thermistor Sensor）；随温度改变而发生的电动势变化的传感器为温度热电偶传感器（Electric Thermo-couple Sensor）。

(2) 湿度传感器。湿度传感器中的“温度”，是指相对湿度，它的单位为百分比。所谓相对湿度值是指在某一温度下的值，当温度发生变化时，该值也发生改变，所以在实际应用中相对湿度值是一个相对量。

相对湿度不但与温度相关，同时与大气压力相关。例如，在 720mmHg 大气压力情况下，1kg 干空气含有 15g 水分，在 20℃时，相对湿度为 95%RH，同样的大气压力下，同样还是 1kg 干空气含有 15g 水分，在 25℃时，相对湿度变为 70%RH；当大气压力发生变化为 750mmHg，1kg 干空气含有 15g 水分，在 20℃时，相对湿度接近 100%RH，而在 25℃时，相对湿度大约为 72%RH。由此可见，一个相对湿度值是在特定大气压力条件下在某一温度时的湿度值。

目前，主流的相对湿度传感器采用的是电容式传感器。它的加工工艺是在基层上先覆盖底层电极，上面镀一层亲水性的高分子聚合物，然后覆盖多孔的表层电极。水分子可以自由地通过表层电极的空隙进入或者离开聚合物，改变其介电常数从而改变传感器的电容值。这种方式具有超快反应时间、迟滞性小和稳定度较高的优点。

对于电容式相对湿度传感器来说，需要整个测量范围内具有非常好的线性；同时在 0～100%的相对湿度值变化中，相对应的电容变化量尽可能要大。由于实际工程中，很难对电容量的变化进行测量，因此所能见到的相对湿度传感器都是将敏感元件与变送器制造为一体的，同时包含有温度敏感元件在内，被简称为温湿度传感器。

国际上常用的相对湿度传感器的输出有电压输出和电流输出两种类型。电压输出一般为 0～10V DC（直流），通常对应相对湿度值 0～100%RH；电流输出一般为 4～20mA，同样对应 0～100%RH 的相对湿度。

测量精度一般为±5%和±3%两档，最高测量精度为±2%。这里的±2%，不是满量程的 2%，一般情况下指 30%～70%的 2%，在其两端一般仍为 3%。

对于相对湿度控制精度要求≤2%的系统，通常只是使用某一段，例如 40%～60%，对于这样的系统，则需在最高测量精度 2%的相对湿度传感器中筛选，挑选出 40%～60%区间，测量精度为 1%的相对湿度传感器。

虽然温湿度传感器通常用于室内外的空气检测，但是因为相对湿度与温度的变化关系和温度场和湿度场的情况依环境和建筑结构而有很大的不同，所以相对湿度传感器在自动控制中与温度传感器的应用有许多不同之处。需要特别注意的是，某些温湿度传感器注明相对湿度测量范围为 5%～95%RH 或是不结露场合，对于这样的温湿度传感器，不能用于室外温湿度测量。

在实际使用中，由于尘土、油污等的影响，电容式相对湿度传感器会产生老化，精度下降，发生漂移，年漂移量一般都在±2%，有些甚至更高，因此要想获得比较精准的相对湿度值，至少需要每年都对湿度传感器校正一次。

有的湿度传感器对供电电源要求比较高，否则将影响测量精度，或者会产生干扰，甚至无法工作。使用这类传感器时应按照技术要求提供合适的、符合精度要求的供电电源。相对湿度传感器经过信号变换后产生输出，其输出功率是有限的，尤其对于电压输出型相对湿度传感器，需要进行远距离信号传输时，要注意信号的衰减问题。

(3) 二氧化碳传感器。建筑电气自动控制中用于空气质量方面的气体传感器，大部分采用的是二氧化碳传感器（Carbon Dioxide Sensor）。二氧化碳传感器是近年来人类对所生活居住的环境空气质量要求不断提高而出现的。

大部分二氧化碳传感器采用红外技术，它的探测灵敏度较高，工作相对稳定，受环境温湿度影响较小。一般情况下，它的工作温度范围在 0～50℃，相对湿度在 5%～95%RH，部分产品可用于－20℃情况下。它的工作方式分为直流供电和交流供电两种，它所提供的输出信号分为 0～10V、4～20mA，呈线性特性。对应的测量范围通常有：0～2000ppm、0～5000ppm、0～10 000ppm、0～20 000ppm、0～30 000ppm；检测精度一般为±5%。

常用二氧化碳传感器分室内和风道两种安装形式，无论哪一种形式，它的传感器和变送器都是一体化的，所以用于室内安装时，需要注意安装位置，不要靠近门窗部位，以降低测量的不确定度。

(4) 压力传感器。压力传感器（Pressure Sensor）是现代工业生产中常用的一种传感器，广泛应用于各种工业过程自动控制环境。它可分为压力和差压两类。在建筑电气的自动控制中，常用于给水压力测量、集中空调机组的过滤网阻塞程度检测、空气调节环境的静压度检测、洁净厂房的正压度测量和生物化学实验的负压度测量等场合。压力传感器又可根据材料不同，分为电阻应变片、硅应变片、电容式、谐振式等多种形式。

压力传感器的种类繁多，其性能也有较大的差异，如何选择较为适用的传感器，做到经济、合理是自动控制中需要注意的问题。无论是哪一种形式或哪一种材料制成的压力或差压传感器，都具有一些共同的特性。

测量范围是满足标准规定值的压力范围，也就是在最高压力和最低压力之间，传感器输出压力的范围。压力传感器的最高测量范围能够达到 300MPa。在实际应用时，需要根据所测压力的实际情况，确定压力传感器的测量范围，为了尽可能提高测量精度，选择传感器常测压力一般为额定压力的70%左右。压力传感器的测量精度指的是满量程的测量精度，一般可以为0.5%。精度等级有0.1%、0.25%、0.5%、1%等。

(5) 流量传感器。流量测量方法种类繁多，分类方法也很多。迄今为止，可供工业用的流量仪表种类达60种之多。品种如此多的原因就在于至今还没找到一种对任何流体、任何量程、任何流动状态以及任何使用条件都适用的流量测量方式。

按照目前最流行、最广泛的分类法，可分为容积式流量计、差压式流量计、浮子流量计、涡轮流量计、电磁流量计、流体振荡流量计中的涡街流量计、质量流量计和插入式流量计等。

2. 空调机组内的执行器

这里所讨论的执行器，主要是在建筑电气的自动控制系统中最常见的阀门执行器，包括阀体和电动驱动两部分。对于电气专业来说，主要针对的是电动驱动部分。这部分主要有电磁和电动两种驱动方式。

(1) 电磁驱动执行器。电磁驱动执行器是自动控制中最简单的执行器，它以电磁铁（Electromagnet）为工作原理，在电磁线圈两端施加一个电压，使铁心磁化，产生磁场，使得执行机构在磁场的作用下发生动作；失去电压，磁场消失，执行器复位。典型的电磁驱动有继电器、接触器等，给继电器或接触器的线圈通电，继电器或接触器吸合，线圈断电，则复位。

对于电磁阀来说，也是同样道理：给电磁阀施加一个工作电压，产生的磁场是阀门动作，通常来说是从关闭状态到导通状态；电磁阀断电，阀门恢复原状态。这种电磁阀常用于空调中不可调温的风机盘管装置中。

电磁驱动是工程上最简单的驱动方式，但是当使用大功率的低压远距离电磁驱动时，要特别注意电磁线圈的吸合所需功率远大于它的保持功率，线路的电阻和电源的容量一定要有余量。

通常情况下，电磁驱动的吸合电压小于额定电压的20%时，电磁驱动器无法工作，当驱动电压介于额定电压的10%～20%，电磁驱动在吸合时，会发生抖动现象；由于电磁驱动的保持能量远小于吸合能量，电磁驱动的释放电压要小于额定电压的30%，否则无法正常释放。

(2) 电动驱动执行器。电动驱动执行器主要用于阀门的驱动调节，它分为开关量控制电动执行器和模拟量控制电动执行器两部分。

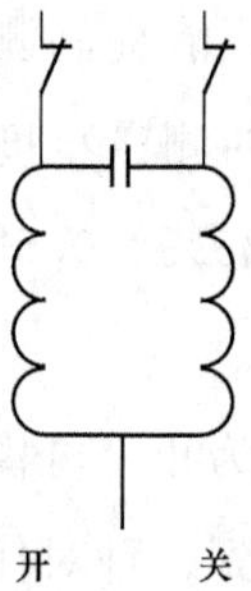

图 1-4　开关量电动执行器电路

1）开关量电动执行器。在电动驱动执行器中，开关量电动执行器的主要部件是由一个小型电动机和两个限位开关所组成的（见图 1-4）。左侧限位开关常闭触点为开足限位（上限位），用于防止开足后，确保电机断电，达到保护的目的；右侧限位开关常闭触点为关足限位（下限位），同样也是用于防止到达关足后电机继续通电而将其烧毁。

对于开关量电动执行器不允许同时在两个动作方向施加电压。

常见的开关量电动执行器工作电压有交流 220V 和交流 24V，无论采用哪一种供电电压等级的电动执行器，都需要考虑它的扭矩。尤其是在空气调节自动控制中用于风阀和水阀的驱动中，这个扭矩不但要能够带动阀门的机械运动，还要克服从关足状态启动时的风压或水压对阀门所造成的阻力，而这个阻力往往大于阀门的正常机械运动阻力。

开关量电动执行器的优点是：元件最简化，故障率低，能够准确达到指定位置；缺点是：要想达到精准控制，对自控人员的控制水平要求较高。

2）模拟量电动执行器。模拟量电动执行器是在开关量电动执行器的基础上增加了一个控制电路，这个控制电路由数十个电子元件组成，整个控制电路由整流电路、比较电路、放大电路、驱动电路和反馈电路组成（见图 1-5）。

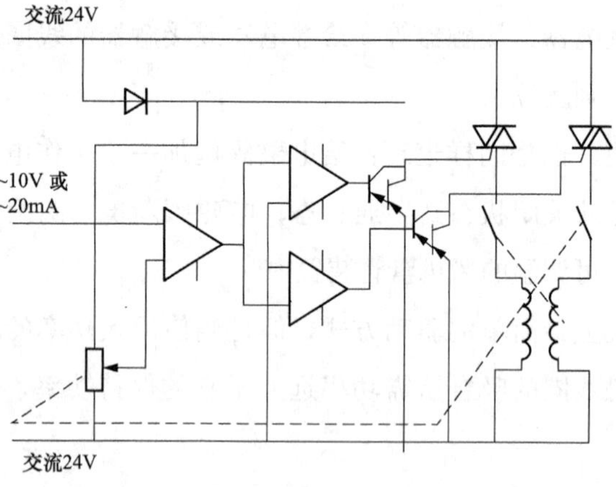

图 1-5　模拟量电动执行器控制电路

这个控制电路的工作原理是：控制信号与阀门开度的反馈信号比较，当控制信号大于反馈信号时，比较器输出一个正偏差信号，同时送到开阀放大器和关阀放大器的输入端，这两个放大器一个为正向输入，一个为反向输入。当阀位信号大于阀门反馈信号时，经开阀电路放大器放大并驱动，使开阀可控硅导通，阀门开启，阀门开到一定位置时，反馈电压提高到控制信号相同水平，比较器输出偏差为零，开阀电路停止工作，开阀动作停止；当控制信号小于阀门开度反馈信号时，比较器输出一个负偏差信号，关阀放大器工作，驱动关阀可控硅导通，阀门开始关闭，达到一定位置，阀位反馈信号减小，当减小到与控制信号相当时，比较器偏差为零，关阀动作停止。这种电动执行器主要用于阀门控制，常见工作电压为 24V AC（即交流 24V），控制信号为 0～10V 或 4～20mA。

模拟量电动执行器的优点是：对自控人员的技术水平要求相对较低；缺点是：驱动器的元件较多，故障概率相对高些，由于电子元件的离散型和势垒电压的影响，通常会产生动作滞后，对于高精度的控制会产生一定的偏差影响。

1.3　空调自控基本概念

智能楼宇内的机电设备较为分散，为了合理利用设备，节约能源和人力，BA（Building Automation）系统一般采用先进的集散控制系统，即采用分散式的直接控制（DDC）与中央集中控制相结合的方式。主要的控制部分有分散在现场的 DDC 控制器完成，而大量的数据信息由中央计算机集中管理。中央计算机的故障不会影响整个系统的运行。

BA 系统一般由中央监控软件、网络控制器、DDC 控制器、各类传感器和变送器、阀门和驱动器等组成。

1.3.1　四种输入/输出点的类型

1. DI（Digital Input）点位：数字量输入点位

DI 点表示 ON、OFF，如压差开关、液位开关、设备的运行状态点等。需为无源干触点。其最大连接距离应不超过 305m。

2. DO（Digital Output）点位：数字量输出点位

DO 点位即从控制器送出的点，如风机启停。触点容量为 250V AC（即交流 250V）、5A。

3. AI（Analogy Input）点位：模拟量输入点位

AI 点即连续点，不是二位制的。如温度传感器、湿度变送器等。

温度传感器距离控制器最好不要超过 105m，否则，会增加测量误差。4～20mA 的输入信号需在外端接入 250Ω 的电阻。

4. AO（Analogy Output）点位：模拟量输出点位

AO 点即连续输出点，如风门、水阀等。通过模拟量输出的可外接 500Ω 电阻把电流信号转换为电压信号。

1.3.2　空调机组自控原理图及点表

空调原理图是根据实际的空调机组设备，依据符合国家标准的图标，将其绘制成简单易读的图形。而空调自控原理图是在空调原理图的基础上，将每个需要控制的设备进行标注，标注包括自控点位类型，如 AI、DI、AO、DO，自控点位数量，以及自控点位的名称。空调机组自控原理图如图 1-6 所示。

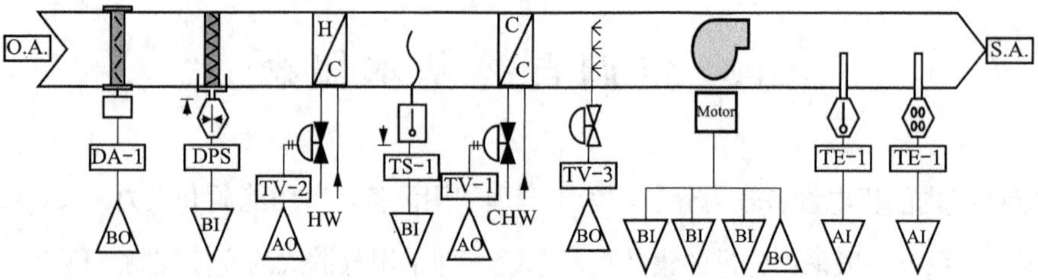

图 1-6　空调机组自控原理图

点表是体现被控设备所有控制点位的所有信息的表格。点表的内容包括点位类型、点位在系统中的名称、点位描述、所接的传感器或执行器的名称、传感器或执行器的信号类型、设备地址、点位的单位等，如表 1-1 所示。

表 1-1　　　　　　　　　　**点　　表**

DDC 硬件点位				
点位类型	点位缩写	点位描述	原理图对应标示	设备类型
AI	Tsu	送风温度	TE-1	
	HuSu	送风湿度	HE-1	
BI	FilDet	过滤网状态监测	DPS	
	FrPrt	防冻保护	TS-1	
	FanSta	送风机状态	Motor	
	FanFlt	送风机故障	Motor	
BO	FanDevMod	送风机模式	Motor	
	FanCmd	送风机启停命令	Motor	
	OaDmd	新风阀开关命令	DA-1	
	HumCmd	加湿阀开关命令	TV-3	

续表

DDC 硬件点位				
点位类型	点位缩写	点位描述	原理图对应标示	设备类型
AO	CclVlvPos	冷水阀调节命令	TV-1	
	HclVlvPos	热水阀调节命令	TV-2	
DDC 虚拟点位				
点位类型	点位缩写	点位描述	默认值	单位
BV	DevCmd	设备总启停命令	Off	Off/On
	HCSta	冬夏转换开关	Summer	Summer/Winter
AV	TSuSp	送风温度设定值	18.0	deg C
	HuSuSp	送风湿度设定值	50.0	%RH
	HclVlvPosMin	热水阀最小开度	10.0	%

当空调机组所有的设备都已确定，即可依据所选的传感器、执行器编写控制逻辑。

控制说明：

如图 1-7 风机启停流程图所示，控制说明如下：

（1）系统停止。

水阀、风阀、加湿阀与送风机：状态连锁，当送风机状态为关时，风阀、加湿阀关闭。

- 夏季：冷、热水阀关闭；
- 冬季：冷水阀关闭，热水阀保持最小开度。

（2）系统启动。

- 自动模式下，可以通过时间表设置风机的启停；
- 当系统启停命令为开、送风机无故障报警，且无低温报警时，送风机命令变为开，送风机开始正常运转。

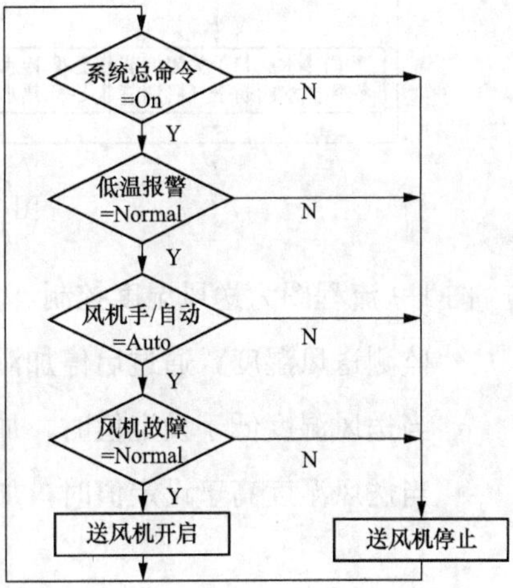

图 1-7　风机启停流程图

图 1-8 流程图为送风温度控制：

监测送风温度，通过 PI 调节冷、热水阀，使送风温度保持在设定值。

（1）夏季：

当送风温度高于设定值，冷水阀趋于开启调节；当送风温度低于设定值，冷水阀趋于关闭调节；热水阀保持关闭。

（2）冬季：

- 当送风温度高于设定值，热水阀趋于关闭调节；当送风温度低于设定值，热水阀趋于开启调节；冷水阀保持关闭。

- 防冻报警时，热水阀开度为 100%。
- 送风温度在偏差范围内，冷、热水阀均不调节。

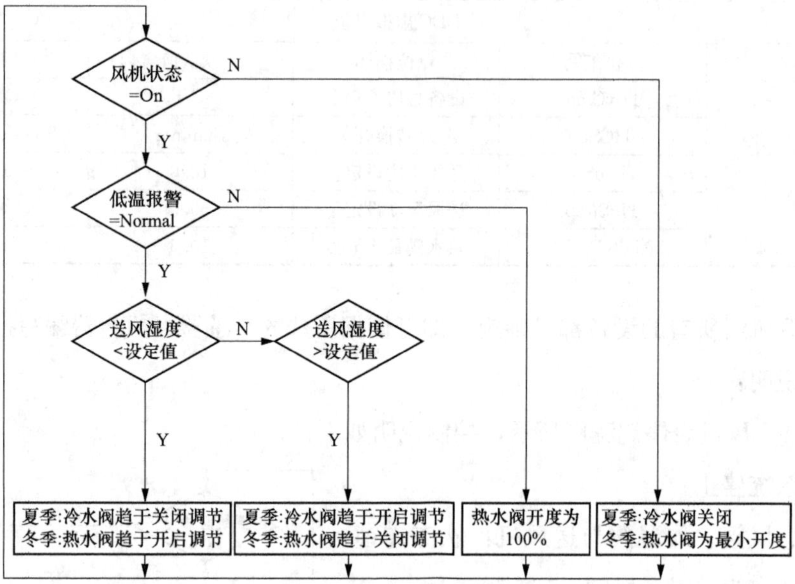

图 1-8　送风温度控制

图 1-9 流程图为送风湿度控制：

- 监测送风湿度，通过启停加湿阀，使送风湿度保持在设定值。
- 当送风湿度低于设定值时，加湿阀开启。
- 当送风湿度高于设定值时，加湿阀关闭。

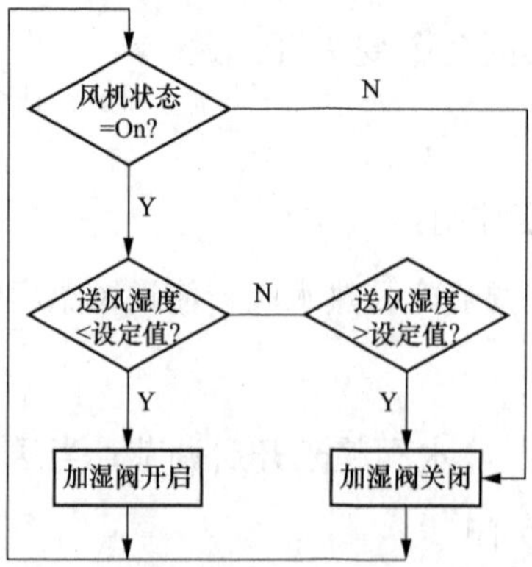

图 1-9　送风湿度控制

1.4　智能控制发展趋势

1.4.1　物联网

物联网的英文名称为Internet of things，简称IoT。从字面上可以直译为“万物相连的互联网”。在我们对物联网进行了解前，有两个概念需要明确：

(1) 物联网的核心和基础仍然是互联网，它是在互联网基础上的延伸和扩展的网络。

(2) 其用户端延伸和扩展到了任何物体与物体之间，任何物体与物体之间可以进行信息交换和通信，也就是万物相连。

物联网通过智能感知、识别技术与普适计算等通信感知技术，广泛应用于网络的融合中，也因此被称为继计算机、互联网之后世界信息产业发展的第三次浪潮。物联网技术应用在汽车、家庭、传感器、执行器、控制器、软件等方面，通过连接与数据的交换在物理世界当中创造新的机会。可以说物联网技术的发展影响着各行各业，如工业、农业、交通、购物、医疗、楼宇等。

在未来的楼宇当中，物联网技术与传感器、执行器、控制器以及上层平台的融合，将为人们带来更加完美的空间。

1. 物联网发展历史

物联网的实践最早可以追溯到1990年施乐公司的网络可乐贩售机——Networked Coke Machine。

1995年，比尔·盖茨在《未来之路》一书中也曾提及物联网，但未引起广泛重视。

1999年，美国麻省理工学院（MIT）的Kevin Ash-ton教授首次提出物联网的概念。

1999年，美国麻省理工学院建立了“自动识别中心（Auto-ID)”，提出“万物皆可通过网络互联”，阐明了物联网的基本含义。早期的物联网是依托射频识别（RFID）技术的物流网络，随着技术和应用的发展，物联网的内涵已经发生了较大变化。

2003年，美国《技术评论》提出传感网络技术将是未来改变人们生活的十大技术之首。

2004年，日本总务省（MIC）提出u-Japan计划，该计划力求实现人与人、物与物、人与物之间的连接，希望将日本建设成一个随时、随地、任何物体、任何人均可连接的泛在网络社会。

2005 年 11 月 17 日，在突尼斯举行的信息社会世界峰会（WSIS）上，国际电信联盟（ITU）发布《ITU 互联网报告 2005：物联网》，引用了“物联网”的概念。物联网的定义和范围已经发生了变化，覆盖范围有了较大的拓展，不再只是指基于 RFID 技术的物联网。

2006 年，韩国确立了 u-Korea 计划，该计划旨在建立无所不在的社会（Ubiquitous Society），在民众的生活环境中建设智能型网络（如 IPv6、BcN、USN）和各种新型应用（如 DMB、Telematics、RFID），让民众可以随时随地享有科技智慧服务。2009 年，韩国通信委员会出台了《物联网基础设施构建基本规划》，将物联网确定为新增长动力，提出到 2012 年实现“通过构建世界最先进的物联网基础设施，打造未来广播通信融合领域超一流信息通信技术强国”的目标。

2008 年后，为了促进科技发展，寻找经济新的增长点，各国政府开始重视下一代的技术规划，将目光放在了物联网上。在中国，同年 11 月在北京大学举行的第二届中国移动政务研讨会“知识社会与创新 2.0”中提出，移动技术、物联网技术的发展代表着新一代信息技术的形成，并带动了经济社会形态、创新形态的变革，推动了面向知识社会的以用户体验为核心的下一代创新（创新 2.0）形态的形成，创新与发展更加关注用户、注重以人为本。而创新 2.0 形态的形成又进一步推动新一代信息技术的健康发展。

2009 年，欧盟执行委员会发表了欧洲物联网行动计划，描绘了物联网技术的应用前景，提出欧盟政府要加强对物联网的管理，促进物联网的发展。

2009 年 1 月 28 日，奥巴马就任美国总统后，与美国工商业领袖举行了一次“圆桌会议”，作为仅有的两名代表之一，IBM 首席执行官彭明盛首次提出“智慧地球”这一概念，建议新政府投资新一代的智慧型基础设施。当年，美国将新能源和物联网列为振兴经济的两大重点。

2009 年 2 月 24 日，2009 IBM 论坛上，IBM 大中华区首席执行官钱大群公布了名为“智慧的地球”的最新策略。此概念一经提出，即得到美国各界的高度关注，甚至有分析认为 IBM 公司的这一构想极有可能上升至美国的国家战略，并在世界范围内引起轰动。

2009 年 8 月，物联网前身，应该是传感器局域网，以 zigbee 等 802.15.4 协议组通信标准为例，最早在阿姆斯特丹无人港口应用。中国前国务院总理温家宝“感知中国”的讲话把我国物联网领域的研究和应用开发推向了高潮，无锡市率先建立了“感知中国”研究中心，中国科学院、运营商、多所大学在无锡建立了物联网研究院，无锡市江南大学还建立了全国首家实体物联网工厂学院。自温总理提出“感知中国”以来，物联网被正式列为国家五大新兴战略性产业之一，写入政府工作报告，物联网在中国受到了全社会极大的关注。

2010年是App发展的元年，谷歌推出安卓系统，并发布第一代智能手机G1，带动App发展及应用。App属于移动互联网应用开始替代部分PC应用，成为星星之火。期间arm架构处理器得到迅速发展，从早期arm926et发展到arm A9，从裁剪版uclinux内核到标准linux内核及安卓应用。代表产品三星2410到A9 Exynos 4412，安卓作为开源操作系统从卡顿到流畅，从发烧到普及。

2015年随着4G网络普及以及手机发展，移动互联网迎来了爆发。O2O等新型基于移动互联的得商业模式开始疯涨，并且迅速颠覆PC生态下的传统势力。2C业务也成为市场主流。并诞生了“互联网＋”模式，凡是产品都要＋App。

2017年中国提出智能制造，并且指出智能制造的技术路径是两化融合，即自动化和信息化，中国紧追德国工业4.0进入一个新的生产力变革时代。从之前得物联网，到后来的互联网成为中国智能制造得理论及经验基础。IT和OT开始融合。

2020年工业互联网元年，智能制造还是一个概念，综合大数据、云计算、边缘计算、人工智能、物联网为核心的新技术构成工业互联网的核心支撑，IT和OT融合全方面开始推进，工业互联网时代，编程语言开始融合比如IEC61499符合IT和OT的属性。传输网络开始融合比如5G、Tsn符合IT和OT的融合传输，数据开始融合比如数据中台的诞生。传输协议开始融合比如TenNet协议。各种融合技术不断打破自动化信息化壁垒，开始融合，数字化能力开始发挥价值。

2. 西门子与物联网

西门子预见到了物联网所带来的巨大机遇。物联网的价值依赖于将现实世界与虚拟的数据世界连接起来，颠覆现有的商业模式从而创造出新的模式。

在物联网的世界中，数十亿的物品将具有地址并且与互联网相连。它们可以将数据传输到云中进行处理，并通过应用程序进行管理和控制。随着技术的逐步成熟，芯片、传感器的成本下降，网络覆盖度的提升，以及越来越多的智能设备被应用于各个领域，万物互联的世界将成为现实。

从车联网到追踪器，从智能楼宇到智能农业，如图1-10所示物联网技术将无处不在。物联网技术的应用绝不是简单的通过物联网手段与硬件、软件的叠加，真正的价值在于融合。当物联网技术、互联网技术与基础设施最终与各个行业的专有经验

(Know-How) 相融合，才将真正地改变各行各业，改变我们的世界。

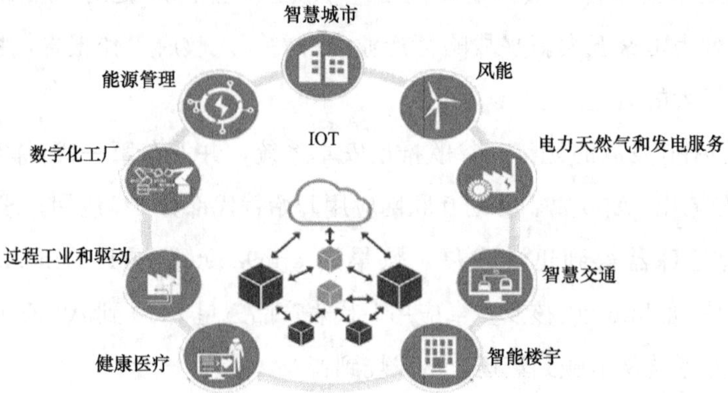

图 1-10　物联网技术的各种领域

西门子公司已经证明了硬件与软件相结合的成功——包括自动化生产、铁路管理、交通管理和分散式能源供应系统的自动化解决方案。这些是需要监督和控制的复杂系统，包括来自现实世界和数字世界的组件，这些系统经常涉及关键的基础设施。在这些领域的客户对安全性、可靠性、耐久性以及它们的数据保护有很高的期望。他们希望用数字化的优势丰富现有设备，而不损害现有的系统。

这就是为什么西门子公司进一步详述和扩展了工业应用的物联网的概念。在这种方法中，诸如西门子公司生产的设备和机器，以及它们在系统中的相互作用，是数字网络化工业景观的中心。

西门子 MindSphere 是基于云的开放式物联网操作系统。源自西门子公司的 MindSphere 将真实世界连接到数字世界，并使用强大的行业应用和数字化服务推动业务成功。MindSphere 开放式的 PaaS（Platform as a Service，平台即服务）平台，让丰富的合作伙伴生态圈可以研发和交付新的应用。数字化以及物联网数据转化为生产性经营成果，是 MindSphere 的核心驱动力。通过具备最佳实践解决方案的 MindSphere 数字化服务，可以为高价值工业行业应用交付可测量的结果。

3. 几种物联网通信技术

(1) NB-IoT。NB-IoT 指的是窄带物联网（Narrow Band-Internet of Things）技术，是一种 3GPP 标准定义的 LPWAN（Low Power Wide Area Network）解决方案。NB-IoT 协议栈基于 LTE 设计，但是根据物联网的需求去掉了一些不必要的功能，减少了协议栈处理流程的开销。NB-IoT 构建于蜂窝网络，只消耗大约 180kHz 的带宽，可直接部署于 GSM 网络、UMTS 网络或 LTE 网络，以降低部署成本、实现平滑升级。

NB-IoT 的组网方式如图 1-11 所示，主要分成了 5 个部分。

1）NB-IoT 终端。支持各行业的 IoT 设备接入，只需要安装 NB-IoT 的模组即可接入网络中。

2）NB-IoT 基站。主要指运营商已架设的 LTE 基站，从部署场景上分类，NB-IoT 所支持的 3 种部署场景分别是独立部署、保护带部署和带内部署。

3）NB-IoT 核心网。承担与终端非接入层交互的功能，并将 IoT 业务相关数据转发到 IoT 平台。

4）NB-IoT 平台。汇聚从各种接入网得到的 IoT 数据，并根据不同类型转发至相应的业务应用服务器进行处理。

5）应用服务器。IoT 数据的最终汇聚点，可以称为垂直行业应用中心；不仅可以获取业务数据，并可以完成对 NB-IoT 终端的控制。

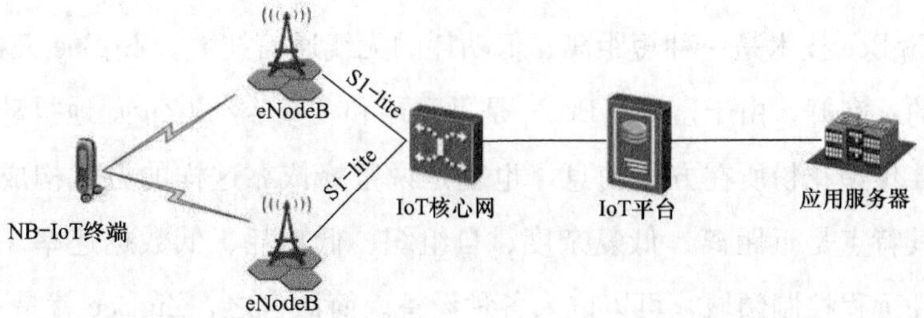

图 1-11　窄带物联网示意图

作为一项应用于低速率业务中的技术，NB-IoT 具有如下优势：

• 强链接。在同一基站的情况下，NB-IoT 可以比现有无线技术提供 50～100 倍的接入数。一个扇区能够支持 10 万个连接，支持低延时敏感度、超低的设备成本、低设备功耗和优化的网络架构。举例来说，受限于带宽，运营商给家庭中每个路由器仅开放 8～16 个接入口，而一个家庭中往往有多部手机、笔记本、平板电脑，未来要想实现全屋智能、上百种传感设备需要联网就成了一个棘手的难题。而 NB-IoT 足以轻松满足未来智慧家庭中大量设备联网需求。

• 高覆盖。NB-IoT 室内覆盖能力强，比 LTE 提升 20dB 增益，相当于提升了 100 倍覆盖区域能力。不仅可以满足农村这样的广覆盖需求，对于厂区、地下车库、井盖这类对深度覆盖有要求的应用同样适用。以井盖监测为例，过去 GPRS 的方式需要伸出一根天线，车辆来往极易损坏，而 NB-IoT 只要部署得当，就可以很好地解决这一难题。

• 低功耗。低功耗特性是物联网应用的一项重要指标，特别是对于一些不能经常更换电池的设备和场合，如安置于高山荒野偏远地区中的各类传感监测设备，它们不可能像智能手机一天一充电，长达几年的电池使用寿命是最本质的需求。NB-IoT 聚焦小数据量、小速率应用，因此 NB-IoT 设备功耗可以做到非常小，设备续航时间可以从过去的几个月大幅提升到几年。

• 低成本。与 LoRa 相比，NB-IoT 无须重新建网，射频和天线基本上都是复用的。以中国移动为例，900MHz 里面有一个比较宽的频带，只需要清出来一部分 2G 的频段，就可以直接进行 LTE 和 NB-IoT 的同时部署。低速率、低功耗、低带宽同样给 NB-IoT 芯片以及模块带来低成本优势。

NB-IoT 为了满足物联网的需求应运而生，中国市场启动迅速，中国移动、中国联通、中国电信都计划在 2017 年上半年实现商用。在运营商的推动下，NB-IoT 网络将成为未来物联网的主流通信技术之一。

（2）ZigBee。ZigBee 是基于 IEEE 802.15.4 标准的低功耗局域网协议。根据国际标准规定，ZigBee 技术是一种短距离、低功耗的无线通信技术。ZigBee 又称紫蜂协议，来源于蜜蜂的八字舞，由于蜜蜂（Bee）是靠飞翔和“嗡嗡”（Zig）地抖动翅膀的“舞蹈”来与同伴传递花粉所在方位信息，也就是说蜜蜂依靠这样的方式构成了群体中的通信网络。其特点是近距离、低复杂度、自组织、低功耗、低数据速率。主要适合用于自动控制和远程控制领域，可以嵌入各种设备。简而言之，ZigBee 就是一种便宜的、低功耗的近距离无线组网通信技术。ZigBee 是一种低速短距离传输的无线网络协议。ZigBee 协议从下到上分别为物理层（PHY）、媒体访问控制层（MAC）、传输层（TL）、网络层（NWK）、应用层（APL）等。其中物理层和媒体访问控制层遵循 IEEE 802.15.4 标准的规定。

长期以来，低价位、低速率、短距离、低功率的无线通信市场一直存在着。蓝牙的出现，曾让工业控制、家用自动控制、玩具制造商等业者雀跃不已，但是蓝牙的售价一直居高不下，严重影响了这些厂商的使用意愿。如今，这些业者都参加了 IEEE 802.15.4 小组，负责制定 ZigBee 的物理层和媒体介质访问层。IEEE 802.15.4 规范是一种经济、高效、低数据速率（<250kbit/s）、工作在 2.4GHz 和 868/915MHz 的无线技术，用于个人区域网和对等网络。它是 ZigBee 应用层和网络层协议的基础。ZigBee 是一种新兴的近距离、低复杂度、低功耗、低数据速率、低成本的无线网络技术，它是一种介于无线标记技术和蓝牙之间的技术提案，主要用于近距离无线连接。它依据 IEEE 802.15.4 标准，在数千个微小的传感器之间相互协调实现通信。这些传

感器只需要很少的能量，以接力的方式通过无线电波将数据从一个网络节点传到另一个节点，所以它们的通信效率非常高。

Zigbee 具有如下特性。

1）低功耗。在低耗电待机模式下，2 节 5 号干电池可支持 1 个节点工作 6～24 个月，甚至更长。这是 ZigBee 的突出优势。相比较而言，蓝牙能工作数周、Wi-Fi 可工作数小时。

2）低成本。通过大幅简化协议，不到蓝牙的 1/10，降低了对通信控制器的要求，按预测分析，以 8051 的 8 位微控制器测算，全功能的主节点需要 32KB 代码，子功能节点少至 4KB 代码，而且 ZigBee 免协议专利费。

3）低速率。ZigBee 工作在 20～250kbit/s 的速率，分别提供 250kbit/s（2.4GHz）、40kbit/s（915MHz）和 20kbit/s（868MHz）的原始数据吞吐率，满足低速率传输数据的应用需求。

4）近距离。传输范围一般介于 10～100m，在增加发射功率后，亦可增加到 1～3km。这指的是相邻节点间的距离。如果通过路由和节点间通信的接力，传输距离将可以更远。

5）短时延。ZigBee 的响应速度较快，一般从睡眠转入工作状态只需 15ms，节点连接进入网络只需 30ms，进一步节省了电能。相比较，蓝牙需要 3～10s、Wi-Fi 需要 3s。

6）高容量。ZigBee 可采用星状、片状和网状网络结构，由一个主节点管理若干子节点，最多一个主节点可管理 254 个子节点；同时主节点还可由上一层网络节点管理，最多可组成 65 000 个节点的大网。

7）高安全。ZigBee 提供了三级安全模式，包括无安全设定、使用访问控制清单（Access Control List，ACL）防止非法获取数据以及采用高级加密标准（AES 128）的对称密码，以灵活确定其安全属性。

8）免执照频段。使用工业科学医疗（ISM）频段：915MHz（美国），868MHz（欧洲），2.4GHz（全球）。由于此三个频段物理层并不相同，其各自的信道带宽也不同，分别为 0.6MHz、2MHz 和 5MHz，分别有 1 个、10 个和 16 个信道。这三个频带的扩频和调制方式亦有区别。扩频都使用直接序列扩频（DSSS），但从比特到码片的变换差别较大。调制方式都用了调相技术，但 868MHz 和 915MHz 频段采用的是 BPSK，而 2.4GHz 频段采用的是 OQPSK。

在发射功率为 0dBm 的情况下，蓝牙通常能有 10m 的作用范围。而 ZigBee 在室内通常能达到 30～50m 的作用距离，在室外空旷地带甚至可以达到 400m。所以 ZigBee

可归为低速率的短距离无线通信技术。

ZigBee是一个最多可由65000个无线数据传输模块组成的无线数传网络平台，在整个网络范围内，每一个ZigBee网络数据传输模块之间可以相互通信，每个网络节点间的距离可以从标准的75m无限扩展。

与移动通信的CDMA网或GSM网不同的是，ZigBee网络主要是为工业现场自动化控制数据传输而建立的，因而，它必须具有简单、使用方便、工作可靠、价格低的特点。而移动通信网主要是为语音通信而建立的，每个基站价值一般都在百万元以上，而每个ZigBee“基站”却不到1000元。每个ZigBee网络节点不仅本身可以作为监控对象，例如其所连接的传感器直接进行数据采集和监控，还可以自动中转别的网络节点传过来的数据资料。除此之外，每一个ZigBee网络节点（FFD）还可在自己信号覆盖的范围内，和多个不承担网络信息中转任务的孤立的子节点（RFD）无线连接。

如图1-12所示，ZigBee技术所采用的是自组网方式。举一个简单的例子说明这个问题，当一队伞兵空降后，每人持有一个ZigBee网络模块终端，降落到地面后，只要他们彼此间在网络模块的通信范围内，通过彼此自动寻找，很快就可以形成一个互联互通的ZigBee网络。而且，由于人员的移动，彼此间的联络还会发生变化。因而，模块还可以通过重新寻找通信对象，确定彼此间的联络，对原有网络进行刷新。这就是自组网。

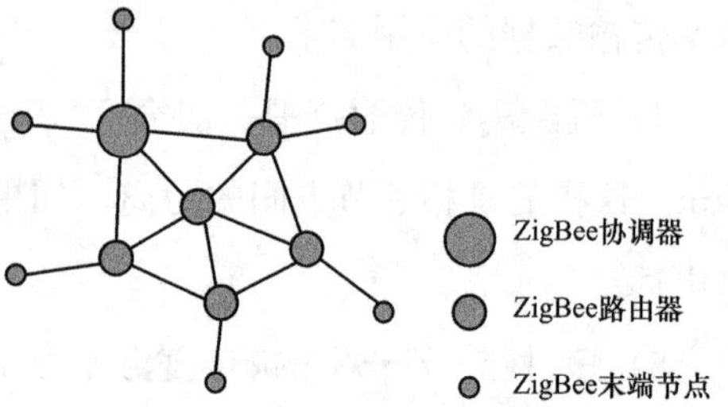

图1-12　ZigBee组网方式示意图

那么为什么要采用这种自组网的方式呢？这就需要考虑到ZigBee的应用场景。在实际楼宇、工业等现场中，由于建筑结构、维修、故障等各类原因并不能保证每一个无线通道都能始终畅通。那么此时由于ZigBee有多个通道，我们的数据仍然可以通过其他的道路到达目的地，这非常重要。

而自组网的这种特性，就依赖于动态路由。所谓动态路由是指网络中数据传输的路径并不是预先设定的，而是传输数据前，通过对网络当时可利用的所有路径进行搜索，分析它们的位置关系以及远近，然后选择其中的一条路径进行数据传输。在我们的网络管理软件中，路径的选择使用的是“梯度法”，即先选择路径最近的一条通道进行传输，如果传不通，再使用另外一条稍远一点的通路进行传输，以此类推，直到数据送达目的地为止。在实际工业现场，预先确定的传输路径随时都可能发生变化，或者因各种原因路径被中断了，或者因过于繁忙不能进行及时传送。动态路由结合网状拓扑结构，就可以很好解决这个问题，从而保证数据的可靠传输。

(3) LoRa。LoRa（Long Range）技术是由法国格勒诺布尔 Cycleo 公司开发的一种扩频无线调制专利物联网通信技术。2012 年，美国 Semtech 公司将 Cycleo 公司收购，对 LoRa 技术进行推广，设立 LoRa 联盟。LoRa 使用免费无线频段运行，如 169MHz、433MHz、868MHz（欧洲）和 915MHz（南美）。LoRa 无线通信技术实现了长距离低功耗传输。LoRa 技术分为两部分：LoRa 和 LoRaWAN。LoRa 和 LoRaWAN 的区别在于，LoRa 是一种物理层传输技术，其典型特点是距离远、功耗低、速率相对较低，对应的产品为 LoRa 收发芯片。使用这种技术需要把自己业务的数据输入或者读取，再上层的协议和业务都需要定义。而 LoRaWAN 是一个开放标准，它定义了基于 LoRa 芯片的 LPWAN（Low Power Wide Area Network）技术的通信协议标准，对应产品为 LoRaWAN 节点、LoRaWAN 网关等。

由图 1-13 可见，网络主要由终端、网关（或基站）、网络服务器和应用服务器组成，应用数据可双向传输。LoRaWAN 网络架构是一个典型的星形拓扑结构，在这个网络架构中，LoRa 网关是一个透明传输的中继，连接终端设备和后端中央服务器。终端设备采用单跳与一个或多个网关通信。所有的节点与网关间均是双向通信。由图 1-14 可以发现，终端节点可以同时发送给多个基站。基站则对网络服务器和终端之间的 LoRaWAN 协议数据转发处理，将 LoRaWAN 数据分别承载在了 LoRa 射频传输和 TCP/IP 上。

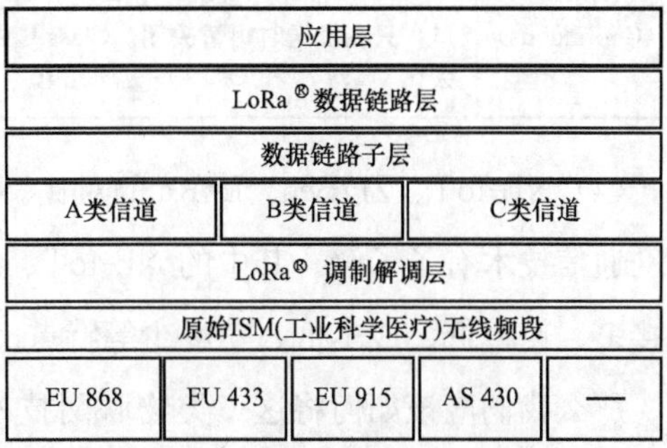

图 1-13　LoRa 技术层次图

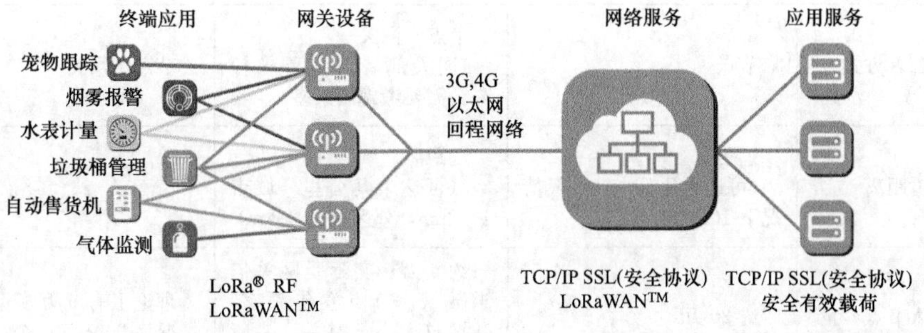

图 1-14　LoRa 网络架构图

LoRa 的终端节点可能是各种设备，比如水表、气表、烟雾报警器、宠物跟踪器等。这些节点通过 LoRa 无线通信首先与 LoRa 网关连接，连接到网络服务器中，网关与网络服务器之间通过 TCP/IP 通信。

LoRa 网络将终端设备划分成 A、B、C 三类，见表 1-2。

表 1-2　　LoRa 网络终端设备分类

分类	介绍	下行时机	应用场景
A（All）	Class A 的终端采用 ALOHA 协议按需上报数据。在每次上行后都会紧跟两个短暂的下行接收窗口，以此实现双向传输。这种操作是最省电的	必须等待终端上报数据后才能对其下发数据	垃圾桶监测、烟雾报警器、气体监测等
B（Beacon）	Class B 的终端除了 Class A 的随机接收窗口外，还会在指定时间打开接收窗口。为了让终端可以在指定时间打开接收窗口，终端需要从网关接收时间同步的信标	在终端固定接收窗口即可对其下发数据，下发的延时有所提高	阀控水气电表等
C（Continuous）	Class C 的终端基本是一直打开着接收窗口，只在发送时短暂关闭。Class C 的终端会比 Class A 和 Class B 更加耗电	由于终端处于持续接收状态，可在任意时间对终端下发数据	路灯控制等

（4）NB-IoT、ZigBee、LoRa 的对比。通过上述学习，我们对于物联网设备的无线组网通信技术有了了解。其中的 NB-IoT、LoRa 均属于 LPWAN 技术，具备了覆盖广、连接多、速率低、成本低、功耗少等特点。ZigBee 技术则属于低功耗局域网的协议。

那么我们应该如何将这三类物联网技术应用在方案当中？这取决于行业解决方案与物联网技术特点的契合度。现将 NB-IoT、LoRa 和 ZigBee 三类无线组网技术进行对比，见表 1-3。

表 1-3　　HB-IoT、LoRa 和 ZigBee 三类无线组网技术对比表

类别	NB-IoT	LoRa	ZigBee
组网方式	基于现有蜂窝组网	基于 LoRa 网关	基于 ZigBee 网关
网络部署方式	节点	节点+网关 （网关部署位置要求较高，需要考虑因素多）	节点+网关
传输距离	远距离 （可达十几千米，一般情况下 10km 以上）	远距离 （可达十几公里，城市 1～2km，郊区可达 20km）	短距离 （从 10m 至数百米）
单网接入节点容量	约 20 万	约 6 万，实际受网关信道数量，节点发包频率，数据包大小等有关。一般有 500～5000 个不等	理论上有 6 万多个，一般情况为 200～500 个
电池续航	理论约 10 年/AA 电池	理论约 10 年/AA 电池	理论约 2 年/AA 电池
成本	一个模块 5～10 美元，未来目标降到 1 美元	一个模块约 5 美元	一个模块约 1～2 美元

续表

类别	NB-IoT	LoRa	ZigBee
频段	License 频段，运营商频段	unlicense 频段，Sub-GHz（433、868、915 MHz 等）	unlicense 频段 2.4G
传输速度	理论 160kbit/s～250kbit/s，实际一般小于 100kbit/s，受限低速通信接口 UART	0.3～50kbit/s	理论为 250kbit/s，实际一般小于 100kbit/s，受限低速通信接口 UART
网络时延	6～10s	TBD	不到 1s
适合领域	户外场景，LPWAN，大面积传感器应用	户外场景，LPWAN，大面积传感器应用，可搭私有网网络，蜂窝网络覆盖不到地方	常见于户内场景，户外也有，LPLAN 小范围传感器应用 可搭建私有网网络

1.4.2　数字化与西门子数字化双胞胎

从机械化、电气化、自动化到如今人们所讲到的数字化，随着科技的进步，我们生活的世界不断地被科技改变、刷新。那么到底什么是数字化，数字化又将如何影响我们的生活呢？

数字化是将信息转换成数字格式（即计算机刻度）的过程。数字化的结果是通过生成一系列数字来描述一组离散的点或样本来表示物体、图像、声音、文档或信号，这个结果被称为数字表示。

在现代实践中，数字化的数据是以二进制数字的形式表示以便于计算机处理和其他操作。所以在现代计算机技术的背景下，数字化可简易理解为 0 和 1 两位数字编码来表达和传输信息的一种综合性技术。但是严格地说，数字化仅仅意味着模拟源材料转换成数字格式。十进制或其他任何数字系统都可以使用、替代。

西门子作为工业 4.0（即第四次工业革命）的最初发起者和重要的构建者之一，率先提出了“数字化双胞胎（Digital Twin）”的模型概念，即基于模型的虚拟企业和基于数字化技术的现实企业，包括产品数字化双胞胎、生产工艺流程数字化双胞胎和设备双胞胎。这三个层面又高度集成为一个统一的数据模型，并通过数字化助力整合企业横向和纵向价值链，为实现工业 4.0 构筑了一条自下而上的天梯。

数字化双胞胎技术是智能工厂的虚实互联技术，从构想、设计、测试、仿真、生产线、厂房规划等环节，可以虚拟和判断出生产或规划中所有的工艺流程，以及可能出现的矛盾、缺陷、不匹配，所有情况都可以用这种方式进行事先仿真，缩短大量方案设计及安装调试时间，加快交付周期。数字化双胞胎技术是将带有三维数字模型的信息拓展到整个生命周期中去的影像技术，最终实现虚拟与物理数据的同步和一致，不是让虚拟世界做现在我们已经做到的事情，而是要发现潜在问题、激发创新思维、不断追求优化进步，这才是数字化双胞胎的目标所在。

数字化双胞胎有两个重要模型（见图1-15）：一是实体的物理模型；二是虚拟模型。虚拟模型是在计算机中，利用数学、统计、图形、逻辑规则等不同方式进行仿真得到的模型，并与物理模型之间通过通信、感知，紧密地结合起来。

图1-15 数字化双胞胎应用

数字化双胞胎的发展有四个层次，也体现了虚拟模型在数字化双胞胎中的作用。这四个层次应用的背后体现的是仿真的精度与效率，数字化双胞胎层次越高，对其要求也就越高。

- 第一层模型映射。模型映射即在计算机里建立物理对象的虚拟模型，利用虚拟模型反映真实物理对象的状态。从严格意义上这并不是一个完整的数字化双胞胎，因为没有通过传感器获取实体模型的信号，从这个角度来说，这是数字化双胞胎最低的层次。
- 第二层监控与操作。利用数字双胞胎实现监控和操作，即把实体模型和虚拟模型连接在一起，通过虚拟模型反映物理对象的变化。
- 第三层诊断。诊断即当设备发生异常时，用仿真手段寻找根本原因。监控与诊断/预测的区别在于监控允许调整控制输入，并获得系统响应，但过程中不允许改变系统自身的设计；诊断/预测允许调整设计输入，判断系统的影响。
- 第四层预测。这是最高层级，帮助企业预测潜在风险，合理规划产品或设备的维护。

1.4.3 人工智能

人工智能（Artificial Intelligence，AI）也称机器智能，是指由人制造出来的机器所表现出来的智能。通常人工智能是指通过普通计算机程序的手段实现的类人智能技术。该词同时也指研究这样的智能系统是否能够实现，以及如何实现的科学领域。一般教材中的定义：领域是“智能主体（Intelligent Agent）的研究与设计”。智能主体是指一个可以观察周遭环境并做出行动以达到目标的系统。约翰·麦卡锡于 1955 年的定义是“制造智能机器的科学与工程”。

AI 的核心问题包括构建能够跟人类似甚至超越的推理、知识、规划、学习、交流、感知、移动和操作物体的能力等。强人工智能目前仍然是该领域的长远目标。目前强人工智能已经有初步成果，甚至在一些视频辨识、语言分析、棋类游戏等单方面的能力达到了超越人类的水平，而且人工智能的通用性代表着，能解决上述的问题的是一样的 AI 程序，无须重新开发算法就可以直接使用现有的 AI 完成任务，与人类的处理能力相同，但达到具备思考能力的统合强人工智能还需要时间研究，比较流行的方法包括统计方法、计算智能和传统意义的 AI。目前有大量的工具应用了人工智能，其中包括搜索和数学优化、逻辑推演。而基于仿生学、认知心理学，以及基于概率论和经济学的算法等也在逐步探索当中。

1. 人工智能概论

人工智能的定义可以分为两部分，即“人工”和“智能”。

“人工”比较好理解，争议性也不大。有时我们会要考虑什么是人力所能及制造的，或者人自身的智能程度有没有高到可以创造人工智能的地步，等等。但总体来说，“人工系统”就是通常意义下的人工系统。

关于什么是“智能”，这涉及其他诸如意识（Consciousness）、自我（Self）、心灵（Mind），包括无意识的精神（Unconscious Mind）等问题。人唯一了解的智能是人本身的智能，这是普遍认同的观点。但是我们对我们自身智能的理解都非常有限，对构成人的智能的必要元素的了解也很有限，因此就很难定义什么是“人工”制造的“智能”了。因此人工智能的研究往往涉及对人智能本身的研究。其他关于动物或其他人造系统的智能也普遍被认为是人工智能相关的研究课题。

人工智能目前在计算机领域内得到了愈加广泛的发展，并在机器人、经济政治决策、控制系统、仿真系统中得到应用。

2. 人工智能发展史

人工智能随着科技的发展，经历了几次发展热潮和低谷，并不断地向前发展，其中几个重点节点和重要事件见表 1-4。

表 1-4　　人工智能发展简史表

年代	20 世纪 40 年代	20 世纪 50 年代	20 世纪 60 年代	20 世纪 70 年代	20 世纪 80 年代	20 世纪 90 年代
计算机	1946 年电子数字计算机（ENIAC）	1957 年 Fortran 语言				
人工智能研究		1953 年博弈论 1956 年达特矛斯会议		1977 年知识工程宣言	1982 年第五代电脑计划开始	1991 年人工神经网络
人工智能语言			1960 年 LISP 语言	1973 年 Prolog 语言		
知识表达				1973 年声场系统 1976 年框架理论		
专家系统			1965 年 Dendral	1975 年 MYCIN	1980 年 Xcon	

1.4.4　未来

物联网和数字化已经成为现实，为产品和商业模型创新创造了新的机会，这在几年前是我们无法想象的。将几十亿智能设备中的数据无缝集成供给像设计和仿真的软件方案，以及特定应用案例将为整个价值链带来无与伦比的透明和机会。

如图 1-16 所示，西门子建立了基于云的开放式物联网平台 MindSphere，当物联网、数字化和人工智能融合将赋予各个行业前所未有的能力和收益：

- 快速、简单地将真实事物连接到数字世界。
- 开放式的平台将创造强大的合作伙伴生态圈。
- 强大的数字化服务和垂直行业应用将推动商业成功。
- 完整的数字化双胞胎在各行各业形成闭环创新。

在未来，虚拟与实体的融合终将让梦想照进现实。

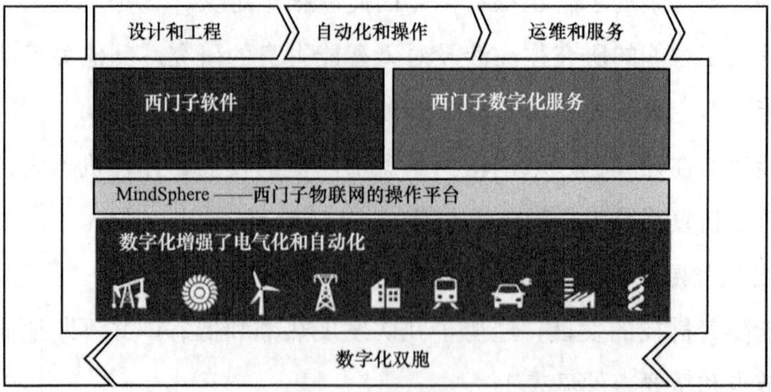

图 1-16　西门子数字化双胞胎应用

习　　题

1. 人体的热传递方式是什么？

2. 空调的定义是什么？

3. 室内环境控制主要包含哪些内容？

4. HVAC 指的是什么？

5. 常见的 HVAC 系统包含哪些部分？

6. 空调机组中，有哪几类传感器？

7. 什么是相对湿度？

8. 压力传感器依据材料不同，分为哪几种类型？

9. 简述电磁驱动器的工作原理。

10. 简述电磁驱动器在楼宇中的应用。

11. 电磁驱动器的吸合电压会对驱动器造成什么影响？

12. 什么是开关量电动执行器？常见的工作电压是多少？

13. 扭矩对于开关量电动执行器的应用有什么影响？

14. 什么是模拟量电动执行器？工作原理是什么？常见工作电压是多少？

15. 比较开关量电动执行器和模拟量电动执行器的优点、缺点，并简述分别适合于什么应用。

16. BA 系统一般由哪几部分组成？

17. 输入输出点由哪几种类型？请回答并分别举出在楼宇自控中的 2 中应用。

18. 依据图 1-17 所示的空调机组自控原理图，设计出此空调系统自控点位表。

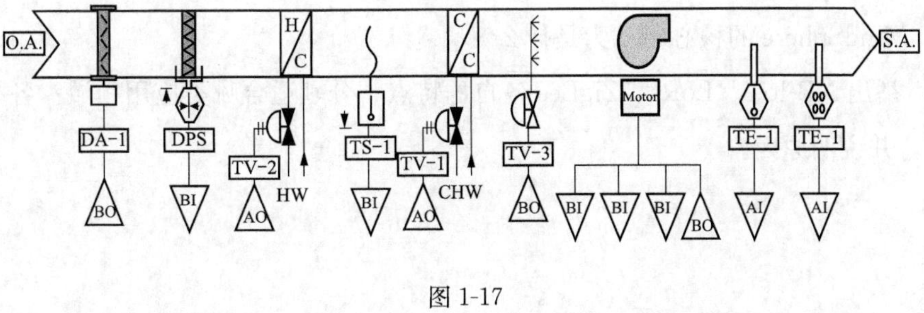

图 1-17

19. 画出送风机启停的控制流程图（含手自动），并简单说明控制逻辑。

20. 画出送风温度控制流程图，并简单说明控制逻辑。

21. 画出送风湿度控制流程图，并简单说明控制逻辑。

22. 什么是物联网？物联网与互联网的关系是怎样的？

23. 请举出物联网的 5 个应用场景。

24. 物联网技术应与其他哪几种技术融合？

25. 什么是 NB-IoT？NB-IoT 组网方式分为哪 5 个部分？

26. NB-IoT 的优势是什么？

27. 什么是 ZigBee？ZigBee 协议分为哪几层？

28. 请列举 ZigBee 的 5 个特点。

29. ZigBee 采用什么组网方式？这种组网方式有什么优点？什么是动态路由？

30. LoRa 是什么？LoRAWAN 是什么？有什么区别和关系？

31. 将 NB-IoT、LoRa、ZigBee 的组网方式、传输距离、电池续航、成本、工作频段传输速度、网络延时以表格的形式进行对比。

32. 什么是数字化？什么是数字化双胞胎（Digital Twin）？

33. 什么是人工智能？

34. 温度传感器有几种类型？各类温度传感器的特点是什么？

35. 什么是有源传感器？什么是无源传感器？特点是什么？

36. 什么是传感器漂移？解决方法有哪些？

37. BA 系统的网络架构是如何分层的？

38. 设计出习题 18 中空调自控原理图的虚拟点位表。

39. 简述什么是“两化融合”，并结合物联网与互联网说明。

40. 什么是 IaaS（Infrastructure as a Service）、PaaS（Platform as a Service）、SaaS（Software as a Service）？它们之间的关系是怎样的？可画图说明。

41. 西门子 MindSphere 是什么？MindSphere 将应用于哪些领域？

42. MindSphere 的核心驱动力是什么？

43. 举出 NB-IoT、LoRa、ZigBee 各自的特点，分别适合哪类应用领域？各举出一个实例，并说明原因。

第 2 章　多功能通用控制器 RWG 简介

2.1　系　统　介　绍

如图 2-1 所示，RWG 控制器基于标准的 Modbus 协议开发，其具有一个 RS485 通信口，支持 Modbus RTU 协议（主或者从可配置），一个 Ethernet 通信口，支持 Modbus TCP（从模式），可以实现数据的交互。因此 RWG 具有极其灵活的扩展性，控制器既可与任何基于 Modbus 协议的传感器、执行器进行下行通信，又可与任何基于 Modbus 协议的控制器、上位机、触摸屏进行上行通信。

与此同时，RWG 无屏版或有屏版还可作为 RWG 控制器的扩展模块，来扩展 I/O 接口数量，因此 RWG 控制器最大可支持扩展至 48 个 I/O 来满足不同用户的需求。

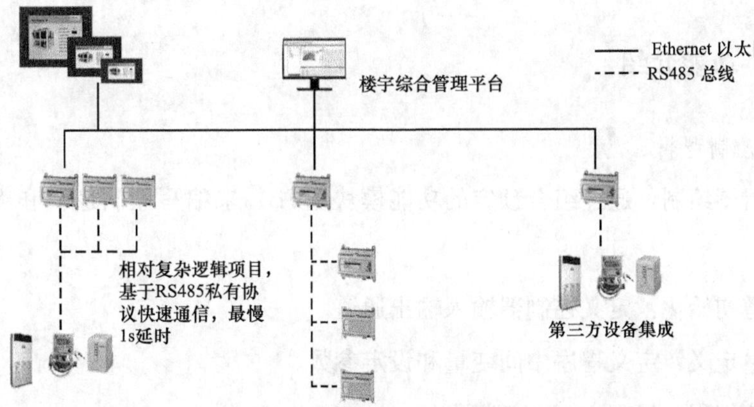

图 2-1　基于 RWG 的系统架构图

2.2　控 制 器 简 介

楼控系统中常用的控制器，支持 I/O 接口的数量一般在 8～18 个，且均为固定数量的 AI、DI、AO、DO，因此经常会有因为需要多个某一单独点位类型，采购多台控制器，但每台控制器上又有许多空置点位浪费的情况。而 RWG 控制器相比市场常见的控制器，首创了 12 路通用输入输出，RWG 的每一个点位均可配置为 AI、DI、AO、DO，DI 可配信号类型为触点/脉冲，AI 可配信号类型为温度、电阻、电流、电压，AO 可配信号类型为 0～10V，DO 可配信号类型为无源电子开关。这意味着控制器再也不受固定数量的点位类型限制，可以做到每一个控制器上都没有任何一个浪费的点位。

RWG 控制器的电源支持 24V 直流或 24V 交流供电，可依据不同的实际情况灵活选择。

RWG 控制器支持可编程 HMI 显示操作面板，面板支持 5 行文本显示，用户可自行编程想要显示的内容，可在面板上查看或控制点位。

2.3　编程软件平台

RWG 控制器编程工具是与西门子 RWG 控制器配套使用的在线编程工具。通过配置端口状态、设定参数、通信编程和绘制逻辑图等过程，可以完成具有预定逻辑的应用程序编辑工作。完成编程后，可以使用 RWG 控制器编程工具进行模拟调试和编译生成 bin 文件。调试完毕下载至 RWG 控制器进行应用。

2.3.1　功能介绍

1. 编写控制逻辑

（1）逻辑图绘制：通过组合预定的功能模块（FB）来编写控制逻辑和人机交互界面（HMI）。

（2）通道初始化：定义控制器输入输出通道。

（3）变量定义：定义程序中间变量和设定参数。

（4）通信编程：Modbus 通信编程。

（5）时间表：时间表编程。

2. 模拟调试和编译生成控制程序 bin 文件

（1）调试项目：通过离线模拟器对已编辑的逻辑和 HMI 进行模拟调试。

（2）编译生成可执行文件：编译控制逻辑和 HMI，生成 RWG 控制器可运行的控制程序 bin 文件。

3. 项目管理

（1）创建、编辑、修改、复制和保存控制器程序项目。

（2）分享项目给指定用户，以及接受其他用户的分享。

（3）使用西门子参考应用模板库。

4. 用户账户管理

（1）修改用户账户信息。

（2）用户账户权限管理。

（3）创建子用户。

5. 论坛发帖

（1）发布帖子。

（2）回复帖子。

2.3.2　运行环境

（1）操作系统：Windows 7，Windows 8，Windows 10 企业版（32 位或 64 位）。

（2）内存：1GB RAM 或更高。

（3）浏览器：IE10、IE11 或更高版本，Google Chrome 4.0 或更高版本，Firefox 33 或更高版本。由于 IE 浏览器对 HTML5 的兼容性不是很好，推荐使用 Chrome 浏览器。

（4）屏幕分辨率：支持 1024×768 或更高分辨率的显示器。

（5）NET Framework 4.0 以上。

2.3.3　用户管理

1. 用户信息修改

单击页面右上角“我的用户中心”后，可进行：

（1）修改注册信息。

（2）修改用户密码。

（3）申请或取消高级用户权限。

（4）普通用户：可创建 20 个项目。

（5）高级用户：可创建 300 个项目。高级用户可以创建子用户，并指定子用户可建立项目的数量。

注意：用户数据将会被加密保存在服务器的数据库中。

2. 创建子用户

为方便高级用户更加合理、安全地分配项目数量，RWG 控制器编程工具为高级用户提供创建子用户的功能。高级用户可以创建属于自己的子用户，并动态地改变每一个用户可创建项目数量的上限。这改变了以往用户如果想让其他使用者也能使用网站编程，只能向管理员申请账户或者共同使用一个账号的情况。创建子用户的功能使高级用户得以更加灵活、安全、可靠地使用和分享自己所拥有的可建项目数。

（1）如何查看用户可创建项目数上限。

1）登录后，单击页面右上角“我的用户中心”选项进入“我的用户中心”页面。

2）“我的基本信息”中的项目数量即为用户可创建和分配的项目数上限。

（2）如何查看可为子用户分配项目数量的限制。

用户处于“注册子用户”或“修改子用户信息”页面。

1）在“项目数量”输入框内输入一个超过高级用户可建项目数上限的数值，如 9999。

2）单击其他信息输入框，以使鼠标焦点离开“项目数量”输入框。此时“项目数量”输入框后会出现红色叹号标记。

3）重新单击“项目数量”输入框，以使鼠标焦点位于“项目数量”输入框内。此时在红色叹号标记后会出现提示文字，提示可分配的项目数量范围。

（3）设置子用户项目数规则。

高级用户可增加或修改子用户的项目数，但需要符合以下规则：

1）子用户项目数需大于或等于 0。

2）修改用户信息减少项目数时，子用户可建项目数需大于或等于子用户已创建的项目数。

3）子用户项目数的上限计算公式：可分配给子用户项目数上限＝超级用户可建项目数－超级用户已创建项目数－已分配的所有项目数。

例如，超级用户可建项目数为 300，超级用户已创建项目数为 50，超级用户创建了 2 个子用户并为每个子用户分配的项目数为 25。则创建子用户时项目数可设置的最大值为 300－50－2×25＝200。

（4）如何创建子用户。

超级用户可以创建子用户（一般用户），并指定子用户可创建项目的数量。超级用户在“用户账户管理”页面中，单击“用户注册”按钮并单击“同意用户协议”按钮后即可创建子用户。

1）在“用户账号管理”页面单击“用户注册”按钮，页面跳转到“用户协议”页面。

2）阅读完用户协议后单击“同意”按钮，页面跳转到“创建用户”页面。

3）输入用户信息中所有必填项，并确保信息正确后单击“注册”按钮，子用户即注册成功，系统会向您新注册的子用户的邮箱发送一封注册成功的邮件。

（5）如何编辑子用户的信息。

超级用户可以修改子用户的基本信息，包括“公司名称”“邮箱”“项目数量”“手机号码”“地址”。超级用户在“用户账户管理”页面中，单击用户信息条目后的“编辑”按钮即可在弹出的“编辑用户信息”窗口中编辑选中用户的基本信息。

1）在“用户账号管理”页面的用户列表中，单击想要编辑的用户所在行最后一列的“编辑”按钮。

2）在弹出的“编辑用户信息”窗口中修改用户的基本信息，确保信息正确后单击“确定”按钮，修改用户信息操作即生效。

2.3.4　项目管理

西门子 RWG 控制器的应用程序以项目的形式进行组织。可以创建一个项目并在项目中编辑、保存和调试应用程序。经过编译后，应用程序可转换为 RWG 控制器可执行的文件格式。可以通过“项目管理”页面复制、删除项目，将项目分享给他人以及从西门子的标准应用库中导出应用范例。

1. 如何使用参考应用库模板

西门子提供一些参考应用的模板，可供开发人员参考使用。

（1）登录 RWG 控制器编程工具网站 https://www.ubc.siemens.com.cn。

（2）鼠标悬停在“项目管理”上，在弹出的下拉菜单中单击“标准应用模板库”选项，进入“标准应用模板库”页面。页面中显示了所有公共项目模板列表。

（3）在项目列表中选中一行，单击“详细”按钮查看项目描述。

（4）对于想使用的项目，单击“接受”。

（5）在弹出的对话框中，输入工程新名称，再单击“确定”按钮。

（6）系统提示“项目接受发布成功”，单击“确定”按钮。

（7）鼠标悬停在“标准应用模板库”上，在弹出的下拉菜单中单击“项目管理”选项，可看到接受共享的参考应用模板项目已经列入项目列表，成为您的个人项目。

（8）单击该项目名称，可打开该项目进行修改和编译。

2. 如何创建项目

登录后，在项目列表中创建项目。

（1）如需要，单击“主页”选项，打开“项目管理”页面。

（2）单击“创建”按钮。

（3）给项目命名，添加必要的描述并设置等级密码。

3. 如何打开项目

登录后，在项目列表中打开项目。

（1）如需要，单击“主页”选项，打开“项目管理”页面。

（2）在项目列表中，选中所需打开的项目所在行。

（3）单击“打开”按钮。或者在项目列表中直接单击所需打开的项目名称。

4. 如何复制项目

登录后，在项目列表中复制项目。

（1）如需要，单击“主页”选项，打开“项目管理”页面。

（2）在项目列表中，选中所需复制的项目所在行。

（3）单击“复制”按钮给项目副本命名。

5. 如何删除项目

登录后，在项目列表中删除项目。

（1）如需要，单击“主页”选项，打开“项目管理”页面。

（2）在项目列表中，选中删除项目所在行。

（3）单击“删除”按钮。

（4）按提示框确认并完成删除，被删除的项目从项目列表中移除。

6. 如何分享项目给他人

（1）如需要，单击“主页”选项，打开“项目管理”页面。

（2）在项目列表中，选中需要分享给他人的项目所在行。

（3）单击“共享”按钮，系统弹出“分享”对话框。

（4）输入接受人的用户名。多个用户名用“,”隔开。

（5）输入描述信息。

（6）单击“确定”按钮，分享的项目已经发送到指定接受人的“分享收件箱”中。

西门子致力于提供互相协作学习的交流平台，同时也支持对版权的保护。可以将自己的项目分享给其他人，西门子为用户保留以下权益：

- 分享的项目会有用户的署名。

• 不久的将来，西门子社区将提供积分系统，根据分享的数量以及质量的记录给予奖励。

7. 如何接收他人分享的项目

西门子致力于提供互相协作学习的交流平台，同时也支持对版权的保护。可以在尊重原作者版权的前提下，接受他人分享的项目。

(1) 登录 RWG 控制器编程工具。

(2) 鼠标悬停在“项目管理”上，在弹出的下拉菜单中单击“分享收件箱”选项。

(3) 进入“分享收件箱”页面，显示他人分享的项目列表。

(4) 如有必要，拖动滚动条到最右端，单击“详细”按钮查看描述。

(5) 对于想要接受项目，单击“接受”按钮。

(6) 在弹出的对话框中，输入新的项目名称，再单击“确定”按钮。

(7) 系统提示接受共享成功。单击“确定”按钮，该项目从“分享收件箱”页面的项目列表中消失。

(8) 单击“主页”选项，转到“项目管理”页面。可看到接受他人分享的项目已经列入项目列表，成为自己的个人项目。单击该项目名称，可打开该项目进行修改和编译。

8. 如何使用在线帮助

在线编程工具网站提供了详尽的在线帮助文档，可按图 2-2 所示的方法使用。

(1) 右击任一功能模块，在弹出的快捷菜单中单击“帮助”选项。

(2) 浏览器中会新开一个 Online Help 的页面，左侧是各个主题的树形结构，用户可以根据需要找到相应的帮助页面。

9. 如何查看和修改项目等级密码

登录后，在项目列表中查看和修改项目等级密码：

(1) 如需要，单击“主页”选项，打开“项目管理”页面。

(2) 单击项目标题后面的“详细”按钮。

(3) 可查看并修改项目的等级密码。项目默认的一级密码为 1111，二级密码为 2222。

2.3.5 社区论坛

RWG 控制器编程工具提供了一个简单的在线用户间问答功能，以便用户在使用编程工具的过程中遇到问题时，可以发布问题并悬赏解决方法。同时资深用户也可以分享使用 RWG 控制器过程中的心得与小技巧。提问、回答与分享将提供给用户间一个信息交流的途径，使用户摆脱信息孤岛的处境，用户还可以以问题的形式提出 RWG 控制器的缺陷与不足，使其成为 RWG 改进的参考。

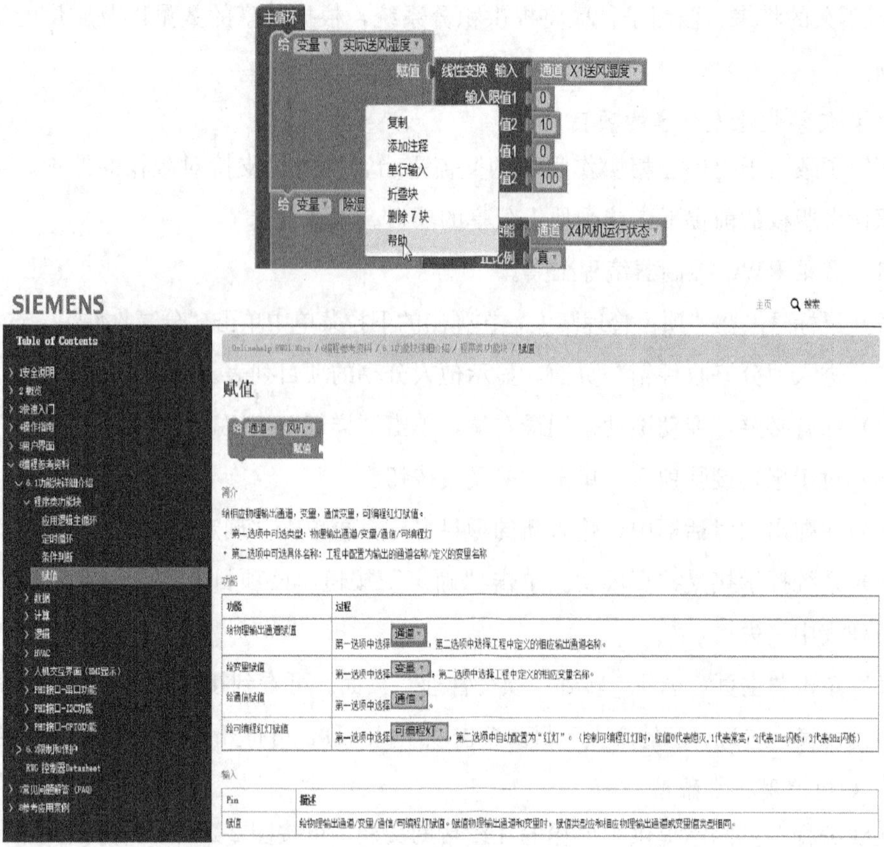

图 2-2　在线帮助文档页面

用户可以将自己不清楚或难以解决的问题发布到公共问题区，以期其他遇到过相似问题或了解问题症结所在的在线用户给予解答。在“我的问题”页面中，可以创建多个问题并对自己创建的问题进行修改、删除操作，也可以回复其他用户提出的问题。

1. 如何新建问题

（1）登录后，在二级面包屑中选择“我的问题”选项。

（2）单击“新建”按钮。

（3）在“我的问题”页面输入标题、描述和悬赏。

（4）输入验证码后单击“保存”按钮。

2. 如何提交问题

（1）登录后，在二级面包屑中选择“我的问题”选项。

（2）单击“新建”按钮。

（3）在“我的问题”页面输入标题、描述和悬赏。

（4）输入验证码后单击“提交”按钮。

用户也可以在修改已保存状态的问题时提交问题。

3. 如何修改问题

（1）登录后，在二级面包屑中选择“我的问题”选项。

（2）在“我的问题”列表中选中一条问题后单击“修改”按钮。

（3）在“我的问题”页面修改标题、描述和悬赏。

（4）单击“提交”或“保存”按钮。

修改问题的限制可参考“我的问题”页面的限制。

4. 如何查看问题

（1）登录后，在二级面包屑中选择“我的问题”选项。

（2）在“我的问题”列表中单击任意一条问题的标题，即可查看用户自己创建的问题。

（3）在二级面包屑中选择“公共问题区”选项。

（4）在问题列表中单击任意一个问题的标题，即可查看所有管理员审核并接受的问题。

5. 如何删除问题

（1）登录后，在二级面包屑中选择“我的问题”选项。

（2）在“我的问题”列表中选中一条问题后单击“删除”按钮。

删除问题的限制可参考“我的问题”页面的限制。

6. 如何回复问题

（1）登录后，在二级面包屑中选择“公共问题区”选项。

（2）单击任意一条问题的标题进入“问题回复”页面。

（3）在“问题回复”页面底部“我的回答”部分输入回复内容。

（4）输入验证码并单击“回复”按钮。

用户也可在“我的问题”页面通过单击问题标题进入“问题回复”页面。回复问题的限制可参考“问题回复”页面的限制。但只有已接受和已结贴状态的问题可以添加回复。

7. 如何查看回复

（1）登录后，在二级面包屑中选择“我的问题”选项。

（2）单击“我的回复”选项卡。

（3）单击任意一个问题的标题进入“查看回复”页面。

“查看回复”页面只显示用户所回复的问题与用户创建的那一条回复内容。

用户还可以在“公共问题区”页面进入任一问题，查看该问题下所有被管理员审批并接受的回复。

8. 如何添加附件

（1）登录后，在二级面包屑中选择“我的问题”选项。

(2) 单击“新建”按钮。

(3) 在“我的问题”页面输入正确的标题、描述和悬赏。

(4) 单击问题标题右侧的“添加附件”按钮。

(5) 在弹出的“上传附件”对话框中单击“单击这里上传文件”按钮并选择需要上传的文件。

(6) 在“上传附件”对话框中单击“确定”按钮。

用户也可在修改问题和回复问题时添加附件。修改问题时，执行步骤 (6) 后即使不保存对问题的修改附件也会被保存。如果想一次上传多个文件可在步骤 (5) 的“上传附件”对话框中一次选中多个文件。

9. 如何结贴

(1) 登录后，在二级面包屑中选择“公共问题区”选项。

(2) 进入用户自己创建的问题。单击“结贴”按钮。

(3) 在其他用户的回复后打分，再次单击“结贴”按钮。

用户也可在“我的问题”页面进入自己已接受状态的问题进行结贴。给回复评分的限制可参考“问题回复”页面的限制。

2.4 调 试 工 具

编写好程序以后，务必要先对程序进行模拟测试，才可将程序投入实际使用。这样做既保证了设备安全，又保证了人员安全。

RWG 控制器独创的完全虚拟控制器调试技术、完全真实的用户操作和显示界面如图 2-3 所示。12 路通用输入输出均可在虚拟控制器上直接调试，而无须与实际设备相连。虚拟控制器还具有基于串口的 Modbus 通信调试技术。

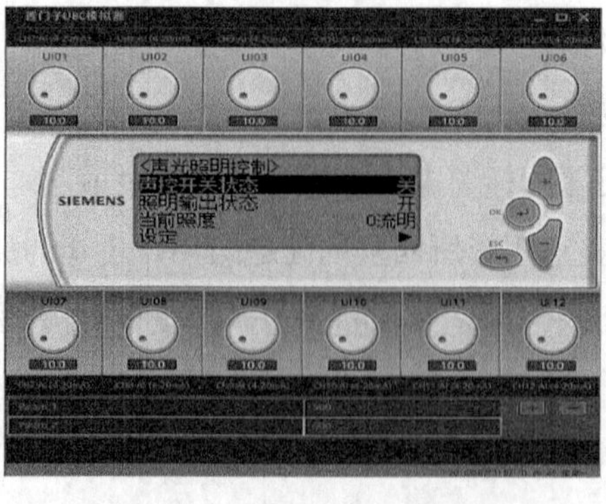

图 2-3 RWG 虚拟控制器

习　题

1. RWG 控制器采用什么通信协议？

2. 画出 RWG 控制器的系统结构图。

3. RWG 运行环境需要考虑哪些方面？

4. RWG 控制器包含哪些功能？

5. 使用 RWG 在线平台建立一个新的项目。

6. 使用 RWG 在线平台将项目分享给他人并接收。

7. RWG 控制器与传统 DDC 有什么区别？

第 3 章　RWG 控制器硬件构成

3.1　RWG 硬件特性

RWG 控制器（见图 3-1）是西门子新一代通用的楼宇控制器，简单、易用、可靠是设计的核心和产品的立足点。在硬件平台的选择上，充分考虑产品的特性要求和未来发展的空间预留，采用最新的 ARM Cortex M4 为 CPU 核心，运用西门子及其先进的电子电路设计技术搭建。

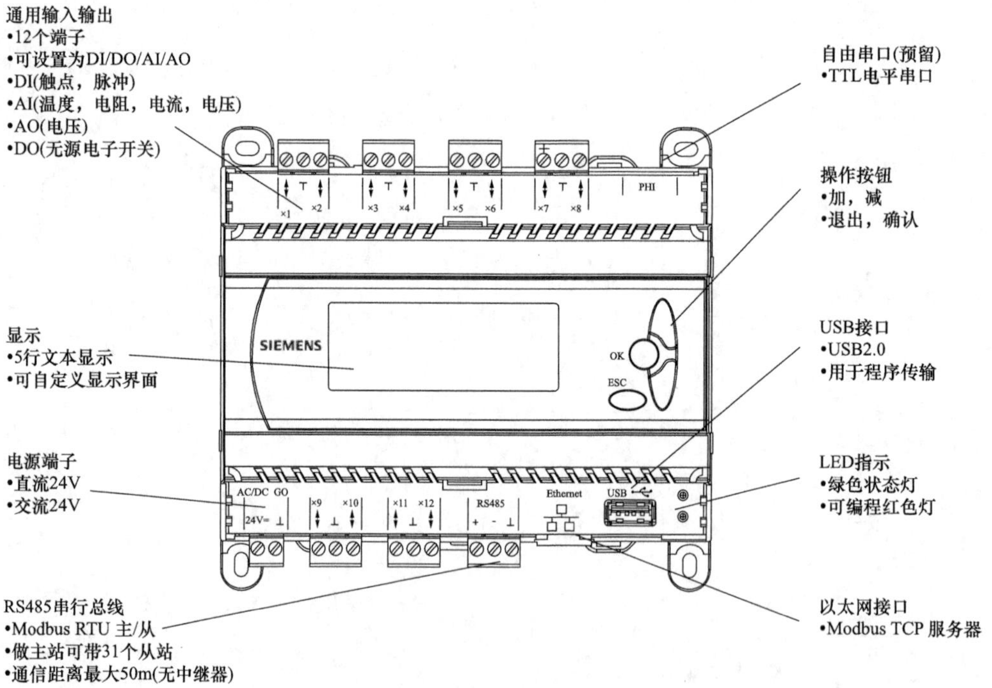

图 3-1　RWG 控制器

RWG 控制器主要硬件特性如表 3-1 所示。

表 3-1　　　　　　　　　　RWG 控制器主要硬件特性

工作电压	AC 24V（＋20％，－20％） DC 24V（＋20％，－15％）
频率	48～63 Hz
耗电量	7W/DC 24V 14W/AC 24V
内部保险丝	有（在声称电源范围内可恢复，若损坏不可恢复）
主处理芯片	Cortex M4，主频为 120MHz
系统存储	至少 1MB 内置 Flash，1MB 外部 Flash，256KB 内置 RAM
实时时钟	掉电保存至少 24 小时
内置 HMI	192×64 点阵
	带白色背光，背光维持时间可设定

通信接口

485 串行总线	总线电气特性	EIA-485（也称 RS485）
	电气隔离	无电气隔离
	连接端子	＋，－，REF
	总线协议	Modbus RTU
	通信速率	1200/2400/4800/9600/19 200/38 400b/s（软件可配置）
	工作模式	主或者从模式（软件可配置）
	典型线缆	推荐线径大于 0.5mm 2 屏蔽双绞线
	终端电阻	控制器内部无任何终端电阻，可根据实际网络结构选择外接终端电阻（典型推荐值为 120Ω）
	如果本机做主站，最大可连接从设备数量	31 个
	总线长度	如果没有任何总线中继器，最大 50m
网络接口	连接端子	RJ45
	总线协议	Modbus TCP
	通信速率	10Mb/s
	典型线缆长度	超 5 类网线最长 100m
USB 接口	连接端子	USB type A 标准口
	总线协议	USB2.0，兼容 USB1.0 和 USB1.1
	传输速率	最快 12Mb/s
	支持文件格式	FAT16，FAT32
	外接设备	无源移动存储器

西门子 RWG1.M12D 的功能框图如图 3-2 所示。

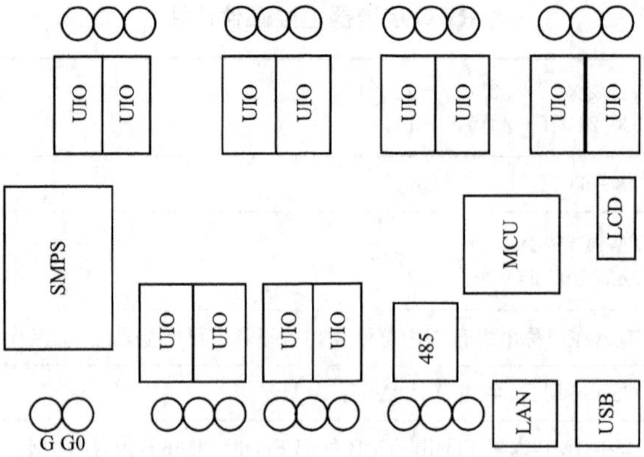

图 3-2　西门子 RWG1. M12D 的功能框图

3.2　通用输入/输出原理

通用性是控制器特有的特性，集多种输入输出在同一个 I/O 口，通过软件的动态配置从而实现灵活的现场不同设备的采集和控制。

RWG1. M12D 有 12 个输入输出通道，每个通道都支持：

- NTC10K 或者 NTC100K 输入。
- NI1000 或者 PT1000 输入。
- 电阻输入（500～100kΩ）。
- 0～10V 直流输入。
- 0（4）～20mA 安输入。
- 脉冲输入计数（最小脉宽 7ms，最快 50Hz）。
- 0～10V 直流输出。
- 电子开关输出（内部 MOSFET 开关，驱动外部继电器，最大 100mA）。

为了实现通用输入输出设计，西门子运用具有专利技术的电路设计技术，巧妙地避免信号共地和通道精度不准等难题。通过工业标准的防护等级运用，合理地保护每个通道都具有较高的容错性和可靠性，同时具有较高的测量精度。

图 3-3 是西门子电路通用输入输出电路设计的一部分。需要合理地选择二三极管的器件特性，同时需要巧妙地计算每个回路的输入输出阻抗，从而达到最优的通道性能匹配。

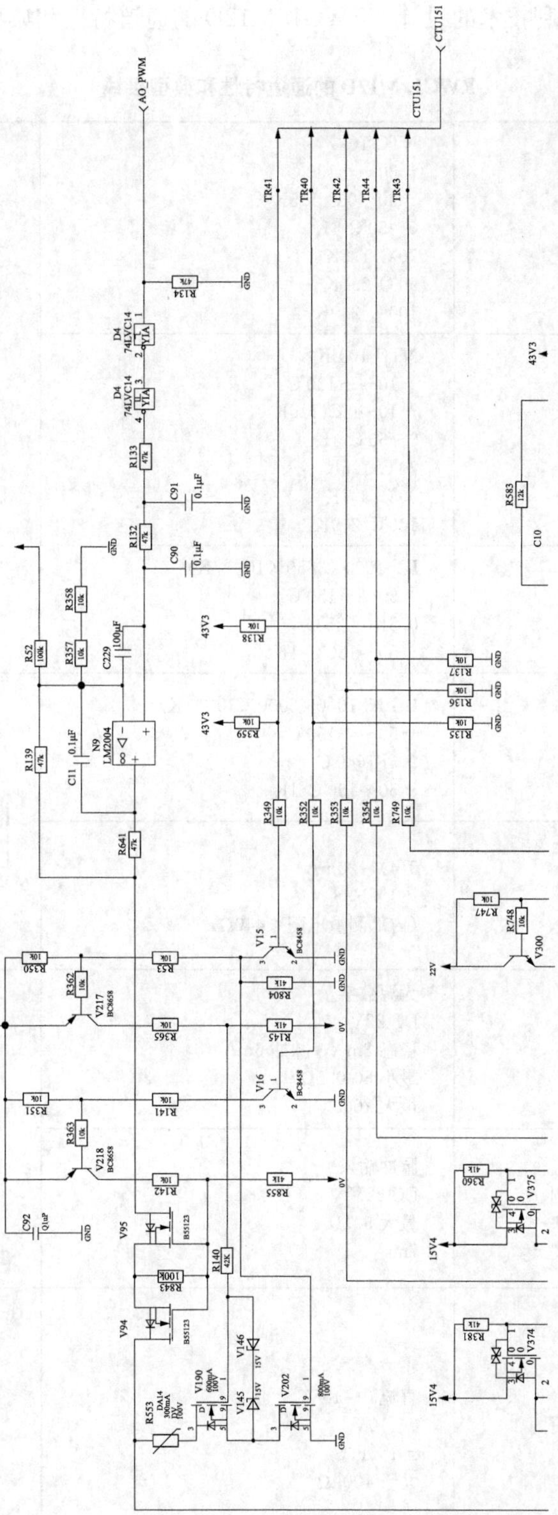

图 3-3　部分通用输入输出电路

借助于西门子专利技术的设计，RWG1. M12D 的通道特性和典型接线见表 3-2。

表 3-2　　　　RWG1. M12D 的通道特性和典型接线

通用输入	信号类型 温度范围 精度	NTC 10K −30～+130℃ −30～0℃ 1.5K 0～50℃ 1K 70℃ 1.5K 90℃ 2.1K 100℃ 2.9K	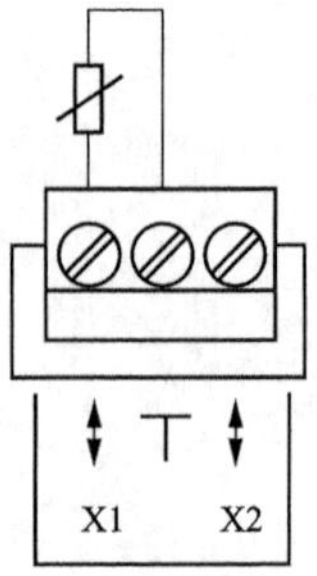
	信号类型 温度范围 精度	NTC 100 K −10～+130℃ −10～0℃ 1.5K 0～50℃ 1K 70℃ 1.5K 90℃ 2.1K 100℃ 2.9K	
	信号类型 温度范围 精度	PT 1000 (3850×10^{-6}/K) −50～+150℃ 0.5K @25℃ −50～150℃ 1K	
	信号类型 温度范围 精度	LG Ni 1000 (5000×10^{-6}/K) −50～+150℃ 0.5K @0℃ −50～150℃ 1K	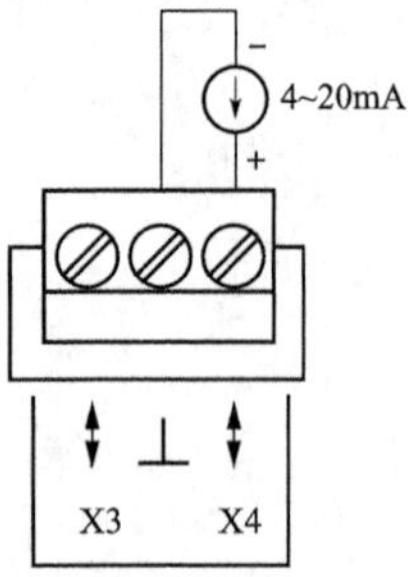
	信号类型 精度	0(4)～20mA ±1%F.S. (内部测量电阻<440Ω)	
	信号类型 采样电压 采样电流 断开电阻 闭合电阻	无源数字量 DC 22V 稳态 2mA，脉冲 6mA 最小 50 000Ω 最大 200Ω	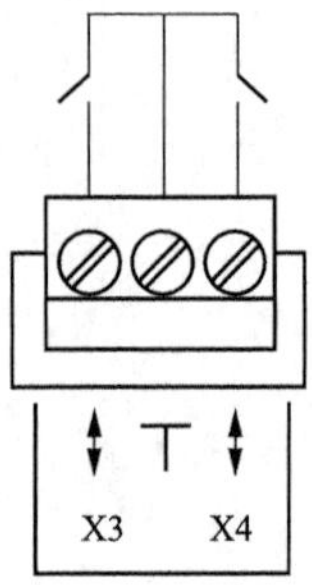
	信号类型 输入电压范围 最大脉冲频率 最小脉冲宽度	脉冲输入 DC 22V 最大 50Hz 7ms	
	信号类型 电压输入范围 精度 采样电阻	直流 0～10V 0～10V ±1%F.S. 大于 100kΩ	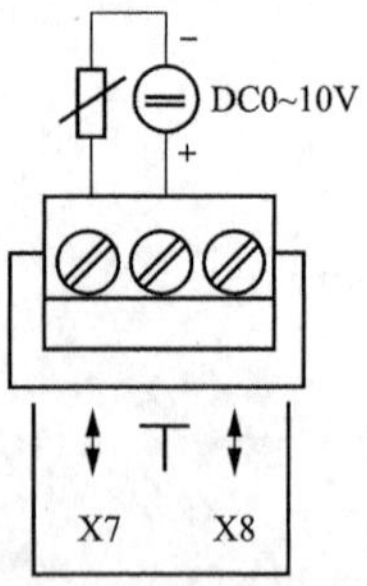

续表

通用输入	信号类型 输入电阻范围 测量精度	电阻测量 R _ 1000 500～2000Ω 1.5%	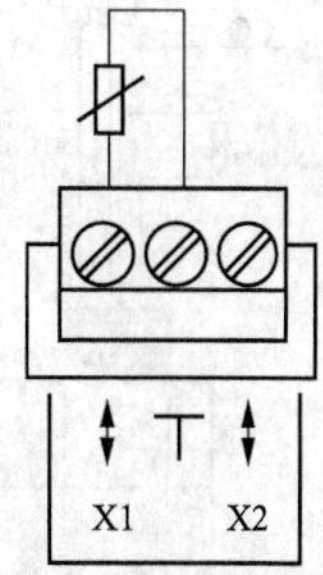
	信号类型 输入电阻范围 测量精度	电阻测量 R _ 10000 2～100kΩ 2～20kΩ　3% 20～100kΩ　5%	
通用输出	输出信号类型 输出电压范围 精度 线缆长度限制 输出电流能力	直流 0～10V 0～10V 100mV 最长 30m 最大 1mA	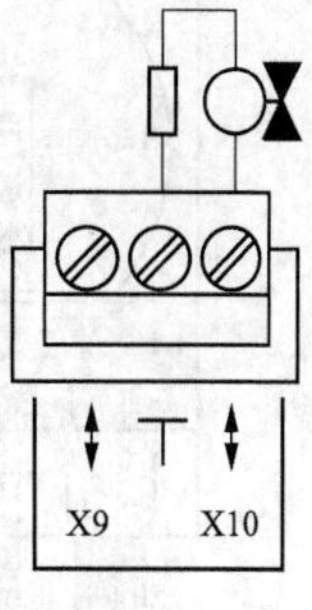
	输出信号类型 开关器件 标称电流 外接负载	无源电子开关输出 MOSFET 最大 100mA 交直流 24V，直流 12V 的中间继电器 （触点和控制端加强绝缘或双重绝缘）	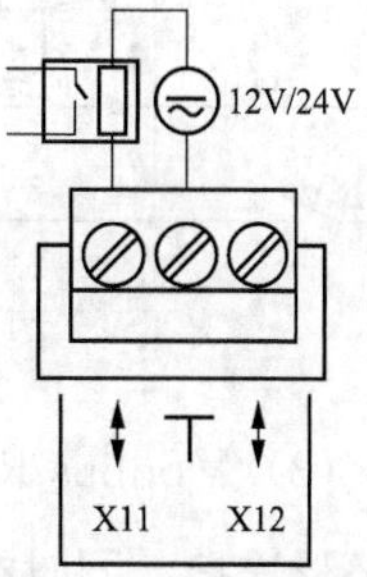

3.3　控制器基础接线

由于 RWG1. M12D 的每个通道都是通用输入输出类型设计，因此极大地简化了现场的布线设计和连接。每个通道都可以无缝切换。

图 3-4 是 RWG1. M12D 作为一个典型新风机组主控制器的接线图。

现场接线应注意四点。

(1) 外接中间继电器，推荐直流继电器，线圈阻抗不能太小（RWG 只有 100mA 的驱动能力）。

(2) 如果 RWG 与外接继电器使用同一个电源，则务必避免 G 与 G0 短接的情况出现，控制器 M 端原则上需要回到 G0 上。

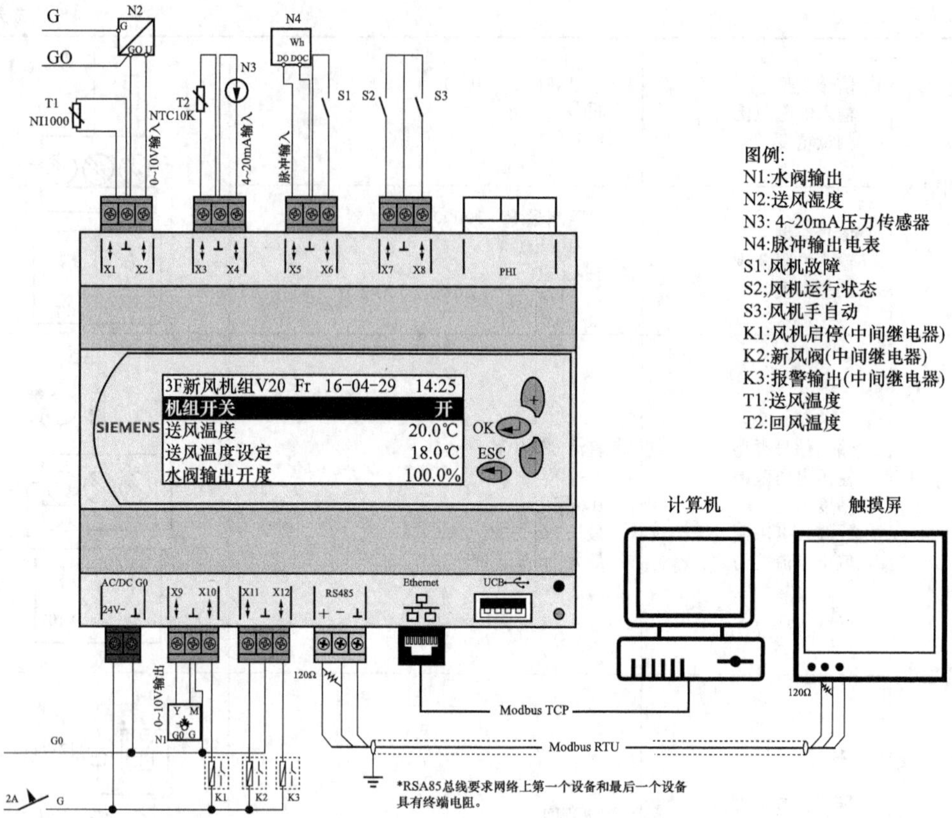

图 3-4　RWG1. M12D 作为一个典型新风机组主控器的接线图

（3）Modbus RTU 通信时，一定要采用总线协议规范的手拉手连接，避免分叉或者环形连接，同时在网络最末端增加最终匹配电阻。

（4）控制器内部保险丝是不可以替换的，如果因为接线错误导致控制烧毁，则寻求西门子正规的返修渠道或者重新订货，一般客户没有能力进行维修。

3.4　控制器现场安装

如图 3-5 所示，现场楼宇控制器往往都安装在单独的一个控制电箱内。内部配有专门的电源、微型断路器、导轨安装、接地或者其他接线排。由于通用的设计和强大的通信能力，控制器在现场具有优异的排布和接线能力，使得现场控制器的点位使用率大大提高。

图 3-5　RWG 现场安装图

习　　题

1. 画出外接一个四线制的调节阀（0～10V 控制），该如何接线？

2. 是否知道精确度、准确度的概念？如何区分？

3. 画出控制器的 X8，X9，X10，X11，X12 外接五个 DC12V 中间继电器的接线图。

4. 对于电子开关类产品输出数字量控制，外接直流或者交流继电器是否有不同的要求？

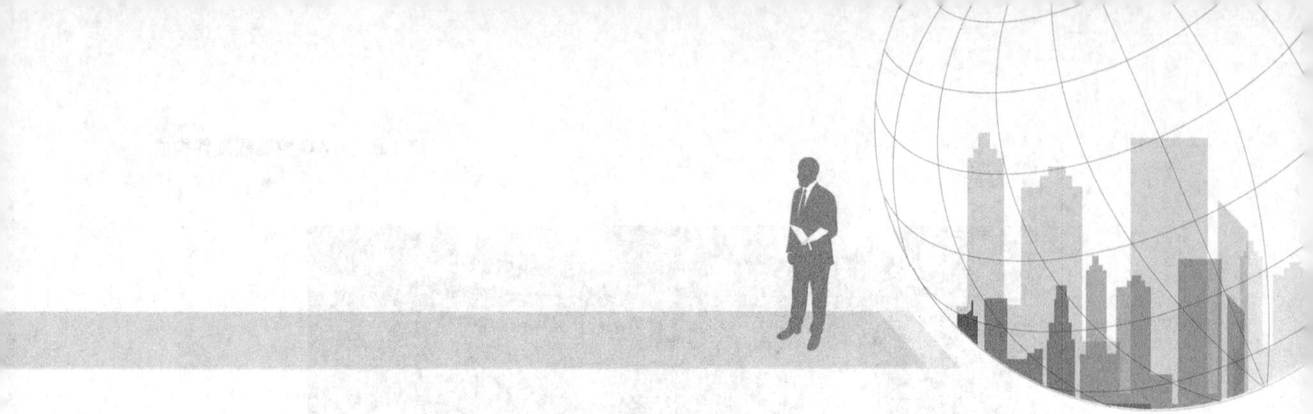

第 4 章　RWG 编程工具入门

4.1　登　录　账　户

（1）登录前请确保运行环境符合要求。

（2）使用浏览器打开网站 https：//www. ubc. siemens. com. cn。

（3）输入用户名和密码，单击“登录”按钮。

（4）登录成功后进入“项目管理”页面。

注：若不知道如何获取用户名，可咨询控制器销售商或登录西门子中国楼宇科技集团网站查询。

4.2　创建应用程序项目

为实现某一特定用途而编写的程序称为一个应用程序。在 RWG 控制器编程工具中，可以创建多个应用程序项目，每个应用程序项目中都包含一个应用程序。可以创建、修改、删除、复制和分享应用程序项目。

（1）在“项目管理”页面单击“创建”按钮。

（2）输入“项目名称”“描述”“一级密码”“二级密码”四项必填内容。

（3）单击“确定”按钮，新创建的项目名称出现在项目列表首行。

4.3　编　程　流　程

一个应用程序包含一个实现控制逻辑的主循环程序和一个实现 HMI 显示的显示程序。编程的基本流程如图 4-1 所示。

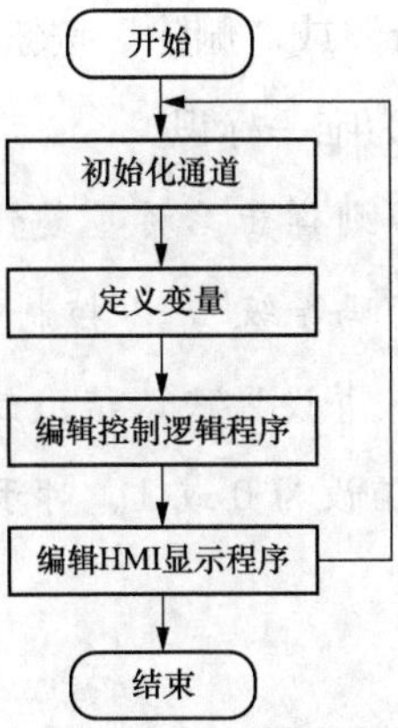

图 4-1　编程的基本流程

4.4　通道初始化设置

（1）在应用程序编辑界面中单击“通道初始化”标签，如图 4-2 所示。

（2）初始化通道。配置通道名称和输入输出类型。当与现场设备相连的所有通道初始化设置完成后，在“逻辑图绘制”页面中可选择这些通道进行编程。

注意： 通道名称不可重复，否则弹出名称重复错误提示。

逻辑编程　通道初始化　变量定义　通信编程

通道	名称	输入输出类型	描述
X1	X1送风温度	输入 NI1000	测量范围-50 ~ 150，单位℃
X2	X2风机压差开关	输入 DI	无源开关量输入，“0”断开，“1”闭合
X3	X3过滤压差开关	输入 DI	无源开关量输入，“0”断开，“1”闭合
X4	X4防冻保护开关	输入 DI	无源开关量输入，“0”断开，“1”闭合
X5	X5送风机手自动	输入 DI	无源开关量输入，“0”断开，“1”闭合
X6	X6送风机运行状态	输入 DI	无源开关量输入，“0”断开，“1”闭合
X7	X7送风机故障报警	输入 DI	无源开关量输入，“0”断开，“1”闭合
X8	X8机组开关	输入 DI	无源开关量输入，“0”断开，“1”闭合
X9	X9水阀输出	输出 0~10V	模拟0 ~ 10V输出
X10	X10新风阀输出	输出 DO	开关量输出，内部电子开关，接外部中间继电器
X11	X11送风机启停	输出 DO	开关量输出，内部电子开关，接外部中间继电器
X12	X12报警输出	输出 DO	开关量输出，内部电子开关，接外部中间继电器

图 4-2　通道初始化

4.5　变量定义

（1）在应用程序编辑界面中单击“变量定义”标签（见图 4-3）。

（2）如有必要，单击"增加行"或"删除"按钮来增加或删除变量。

（3）对每一变量，"变量名"为唯一标识。

注意：变量名称不可重复，否则弹出名称重复错误提示对话框。另外，避免使用空格。对每一个变量都可设置"密码等级"，以控制在 HMI 上修改变量的权限。对模拟变量，设置"类型"为"模拟"，并设置默认值、最小值及最大值。对数字变量，设置"类型"为"数字"，并将默认值设为 0 或 1。对于控制器掉电后需要保存的变量参数，需要勾选"掉电保存"复选框。

逻辑编程	通道初始化		变量定义		通信编程		
变量名	类型	默认值	最小值	最大值	掉电保存	密码等级	增加行
最低照度	模拟 ▼	50	0	1000	☑	0 ▼	删除
照明延时	模拟 ▼	10	0	1000	☑	0 ▼	删除
声控输入信号	数字 ▼	0	0	1	☐	0 ▼	删除

图 4-3　变量的定义

定义的变量可作为中间变量用于逻辑图绘制或显示编程。用于显示编程的变量可在模拟器中显示，并通过模拟器修改变量值。

所有模拟类型的变量均为浮点型，精度为小数点后 1 位。可参考编程页面中变量定义限制。

注意：掉电保存的变量，请勿放在主程序循环中无条件地进行赋值，因其实际上是有 COV 时即写入 Flash 的，若频繁对这种变量进行写操作可能会造成 Flash 永久损坏，若实在需要在程序循环中赋值则可以在主程序循环中加上必须的条件判断或者在稍长（如××分钟）的定时循环里进行赋值。

4.6　逻辑编程界面

RWG 控制器采取了积木式的模块化编程方式，大幅度简化了编程流程。对于初学者而言，降低了编程门槛。这也是未来编程的趋势之一，越来越友好的用户界面将使工作更加的高效。

如图 4-4 所示，一个控制逻辑程序由一个主循环及若干条命令行构成。所有命令行执行一次后主循环将回到第一条命令行并继续开始执行。每条命令行由一个或多个程序功能块构成。命令行从上至下依次运行。每条命令行中，程序都从右向左处理数据。

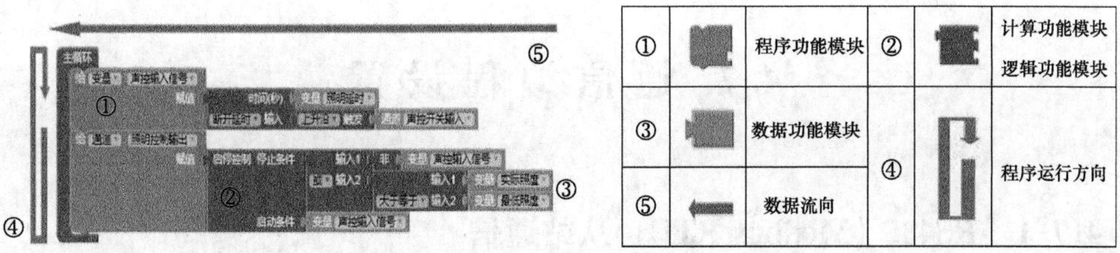

图 4-4　RWG 控制器逻辑程序的执行方式

主逻辑程序的编辑步骤如下。

(1) 单击应用程序编辑页面中的“逻辑编程”(见图 4-5)。

(2) 单击“程序”选项，拖曳合适的程序功能块到主循环内，设置命令行。

(3) 单击“数据”选项，拖曳合适的数据功能块到命令行中，作为控制程序的数据输入。事先初始化的通道和定义的变量可在功能块下拉列表中选择。

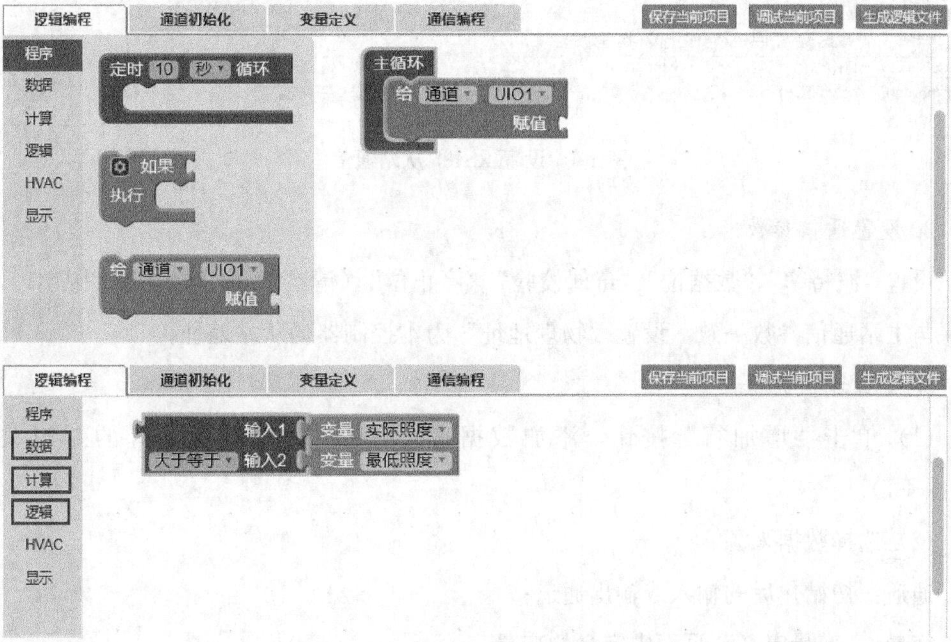

图 4-5　主逻辑程序的编辑

(4) 单击“计算”或“逻辑”选项，选择合适的算术计算或逻辑计算功能块，并将其与数据功能块组合，作为命令行的控制逻辑。

(5) 重复步骤 (2)~(4)，直到所有命令行编辑完成。可通过 Ctrl+C 和 Ctrl+V 快捷键，或右键快捷菜单复制选中的功能模块。可拖曳到“垃圾箱”图标，或按 Del 键删除选中功能模块。

4.7　通信编程设置

4.7.1　RS485（Modbus RTU）从站通信

RWG 控制器可被设置为从站，通过 Modbus 协议使用 RS485 接口，将控制器中 I/O 通道、变量的值发送到网络中的主站控制器或者第三方设备。

1. 配置通信接口

（1）进入“通信编程”页面（见图 4-6）。

（2）选择 RS485（Modbus RTU）为“从站”模式。

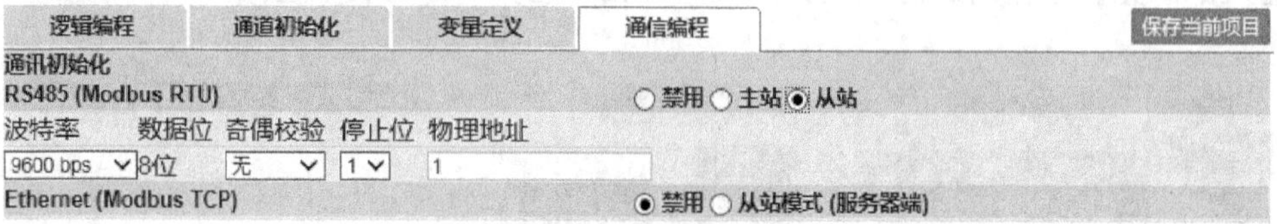

图 4-6　设置 RS485 从站通信

2. 设置通信参数

设置“波特率”“数据位”“奇偶校验”“停止位”（请参考通信参数配置限制），并确保与主站通信参数一致。设置“物理地址”为本控制器的从站地址。

3. 配置通信数据

（1）单击“增加行”按钮，添加数据点与 Modbus 寄存器地址的对应关系（见图 4-7）。

（2）选择数据来源。

通道：初始化后的输入或输出通道；

变量：“变量定义”页面中定义的变量。

（3）选择连接数据点。

（4）在“连接数据点”下拉列表中选择对应数据点。

注意：通道必须事先初始化，变量必须提前定义。

（5）设置存放数据点的寄存器地址。

（6）重复步骤（1）～（5），直到所有通信数据变量设置完成。

从站模式编程								
数据来源	连接数据点	寄存器地址 Modbus RTU	寄存器地址 Modbus TCP	寄存器类型	数据类型	数据长度(字节)	读写方式	增加行
通信 ∨	master_bind_1 ∨	1	1	输入继电器 ∨	bool	1	只读	删除
通道 ∨	UIO1 ∨	1	1	输入寄存器 ∨	float	4	只读	删除
变量 ∨	模拟量 ∨	1	1	输出寄存器 ∨	float	4	读写	删除

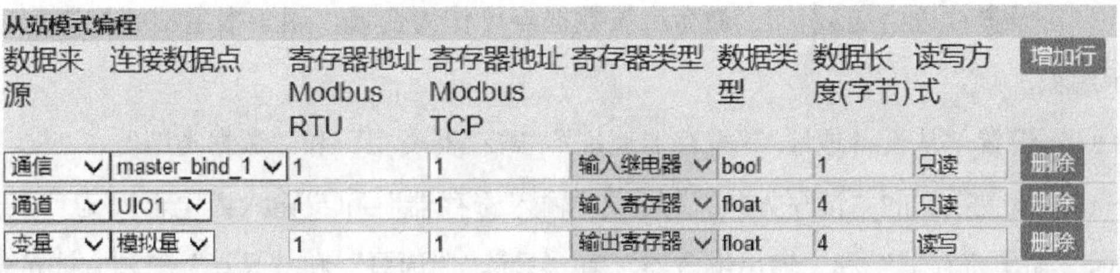

图 4-7　配置通信数据

4.7.2　RS485（Modbus RTU）主站通信

1. 配置通信接口

（1）进入"通信编程"页面（见图 4-8）。

逻辑编程	通道初始化	变量定义	通信编程			
通讯初始化						
RS485（Modbus RTU）				○ 禁用 ● 主站 ○ 从站		
波特率	数据位	奇偶校验	停止位	采集周期 T1(ms)	采集周期 T2(s)	超时时间(ms)
9600 bps ▼	8位	无 ▼	1 ▼	500	5	1000

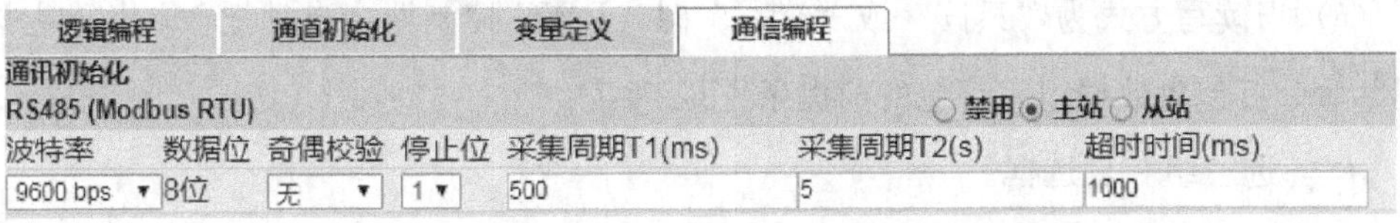

图 4-8　设置 RS485 主站通信

（2）选择 RS485（Modbus RTU）为"主站"模式。

2. 设置通信参数

设置"波特率""数据位""奇偶校验"和"停止位"（请参考通信参数配置限制），并确保 RS485 网络中通信参数一致。

设置"采集周期 T1"和"采集周期 T2"。本主站控制器周期性与从站控制器通信、读写数据。每一项数据点都有两种扫描周期可以选择。T1 以毫秒为单位，设置范围为500～5000ms；T2 以秒为单位，设置范围为 1～255s。T1 优先级高于 T2。不同的数据采集点可以选择不同的采集周期，但是在选择和配置此项设置时应综合考虑所配置的串口波特率、数据采集点数量、从设备应答速度、从设备掉线以及 T1 和 T2 冲突等情况，选择和设置一个合适的时间。如果时间设置过短或 T1 配合 T2 不合理，会产生排在后面的数据点永远无法读取的情况。请参考通信参数的高级设置。

设置"超时时间"为 Modbus RTU 通信超时时间。请参考通信参数的高级设置。

3. 配置通信数据

（1）单击"增加行"按钮。添加通信变量数据点与从站数据点的对应关系（见图 4-9）。

(2) 设置“通信变量名”。命名后该数据点可作为变量，用于本主站的控制逻辑和显示编程。

(3) 设置“从设备地址”“寄存器地址”“寄存器类型”和“数据类型”。

(4) 设置数据的“读写方式”。其中“输入寄存器”和“输入继电器”为“只读”方式，“输出寄存器”和“输出继电器”有“只读”“读写”和“只写”三种方式可选。

- 只读——主站从从站寄存器读取数据。
- 读写——主站循环读取从站数据点，同时，如果主站的通信变量数值变化，则立刻向从站数据点写入主站通信变量的值。
- 只写——主站循环写入从站数据点，同时，如果主站的通信变量数值变化，则立刻向从站数据点写入主站通信变量的值。

(5) 设置“采样类型”。选择采样周期 T1 或采样周期 T2。

(6) 当读写方式为“只读”或“读写”时，RWG 控制器会自动把 Modbus 主站的“读”命令打包为数据组。打包的前提条件是：

- 勾选“组”复选框。
- 从设备地址相同。
- 采样类型相同。
- 寄存器地址连续。
- 每个组的寄存器数量最大为 30。

图 4-9 设置通信数据

4. 如何设置寄存器地址

对于 Bool、Short16、Word16 类型的点，其连续地址为：n，$n+1$，$n+2$，…，n 为起始地址，如 1，2，3，4，5，…，如图 4-10 所示。

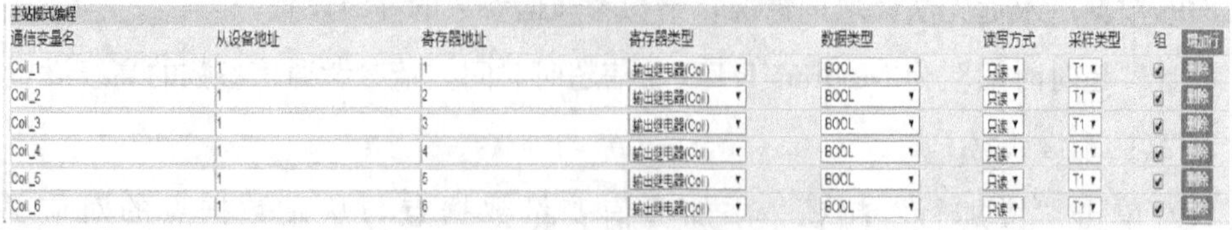

图 4-10 设置寄存器地址

对于 Float 类型的点，其连续地址为 n，$n+2$，$n+4$，…，n 为起始地址，如 1，3，5，7，9…

所有的“读”命令会打包成一个命令发送给从设备。写命令暂时不支持打包。

重复配置通信数据中的步骤（1）～(6)，直到所有通信数据变量设置完成。

主站通信设置完成后，本主站可周期性从网络中的从站读取或向其写入数据。循环读和循环写从站数据点的速度取决于“采集周期”参数的设置。写从站数据点的频率取决于对于对应的“通信变量”变化的频率。

4.7.3 Ethernet（Modbus TCP）服务器端通信

进入“通信编程”页面（见图 4-11），进行通信初始化。

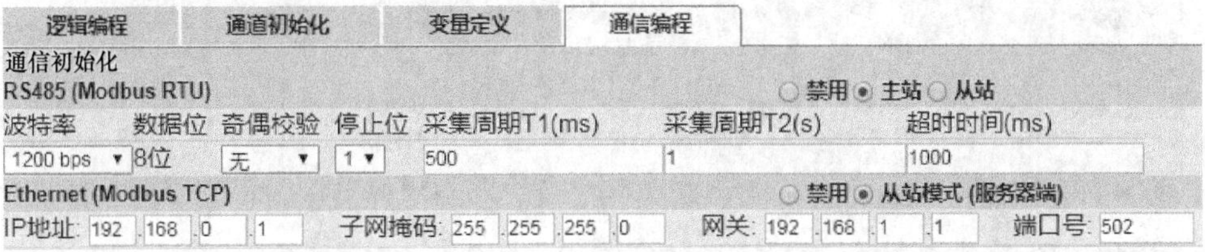

图 4-11　通信编程

（1）设置 Ethernet（Modbus TCP）为“从站模式（服务器端）”。

（2）设置本从站控制器的 IP 地址、子网掩码、网关和端口号。IP 地址、子网掩码，网关和端口号均可更改，更改范围参见通信参数配置限制。

（3）从站模式编程（见图 4-12）。

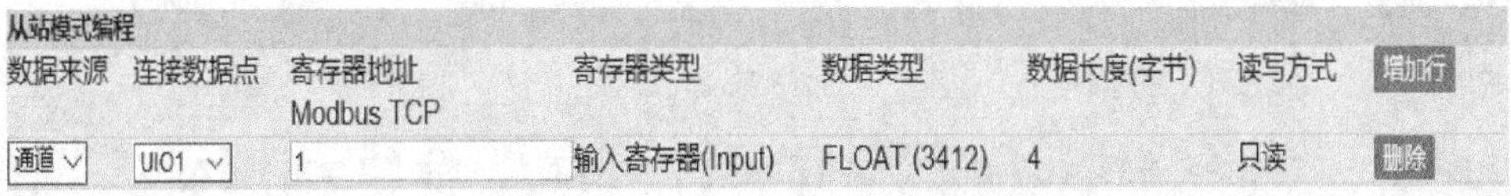

图 4-12　从站模式编程

① 单击“增加行”按钮，添加数据点与 Modbus 寄存器地址的对应关系。

② 选择数据来源。

- 通道——初始化后的输入或输出通道。
- 变量——“变量定义”页面中定义的变量。
- 通信——RS485（Modbus RTU）主站通信编程中定义的通信变量。

③ 选择连接数据点。

④ 在“连接数据点”下拉列表中选择对应数据点。

注意：通道必须事先初始化，变量必须提前定义。

⑤ 设置存放数据点的寄存器地址。

⑥ 重复步骤①～⑤直到所有通信数据变量设置完成。

(4) 导出 Modbus 配置列表。为了方便与第三方产品进行系统集成，WebTool 提供了导出 Modbus 配置功能：所有 Modbus 变量可以一键导出为 *.csv 列表文件（见图 4-13）。

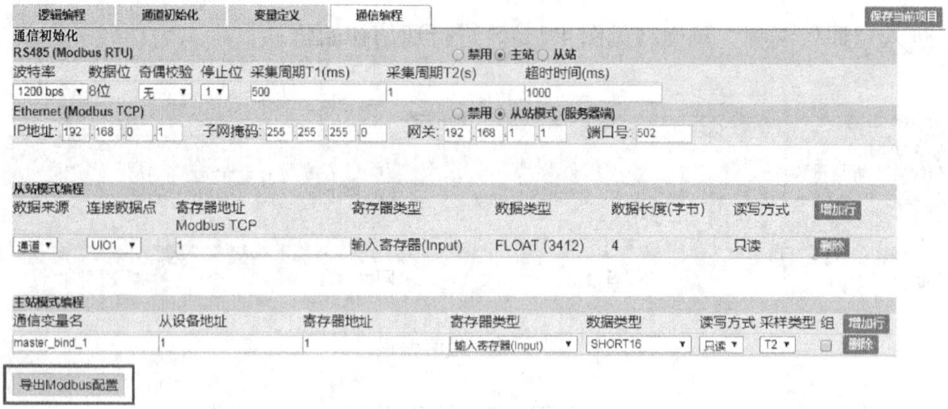

图 4-13　导出 Modbus 配置列表

*.csv 文件可用 Excel 或记事本打开。文档如图 4-14 所示。

波特率	数据位	奇偶校验	停止位	采集周期1(ms)	采集周期2(s)	超时时间(ms)	
1200 bps	8位	无	1	500	1	1000	
IP地址	192.168.0.1	子网掩码	255.255.255.0	网关	192.168.1.1	端口号	502
数据来源	连接数据点	寄存器地址Modbus TCP	寄存器类型	数据类型	数据长度(字节)	读写方式	
通道	UIO1	1	输入寄存器(Input)	FLOAT (3412)	4	只读	
通信变量名	从设备地址	寄存器地址	寄存器类型	数据类型	读写方式	采样类型	组
master_bind_1	1	1	输入寄存器(Input)	SHORT16	只读	T2	FALSE

图 4-14　Modbus 配置列表

注意：系统只导出已激活的信息，未激活的信息不会被导出。

(5) Modbus 从站编程中数据点与寄存器类型的对应关系。

模拟通道——对应输入寄存器（Input），数据类型为 Float，数据长度为 4 字节，读写方式为只读。

数字通道——对应输入继电器（Discrete），数据类型为 Bool，数据长度为 1 字节，读写方式为只读。

数据来源为变量，包括：

模拟变量——对应输出寄存器（Holding），数据类型为 Float，数据长度为 4 字节，读写方式为读写。

数字变量——对应输出继电器（Coil），数据类型为 Bool，数据长度为 1 字节，读写方式为读写。

数据来源为通信，包括：

模拟通信变量——对应输入寄存器（Input），数据类型为 Float，数据长度为 4 字节，读写方式为只读。

数字通信变量——对应输入继电器（Discrete），数据类型为 Bool，数据长度为 1 字节，读写方式为只读。

4.8　如何编辑 HMI 显示页面

编辑如图 4-15 所示的 HMI 显示页面，通过以下步骤实现（见图 4-16）。

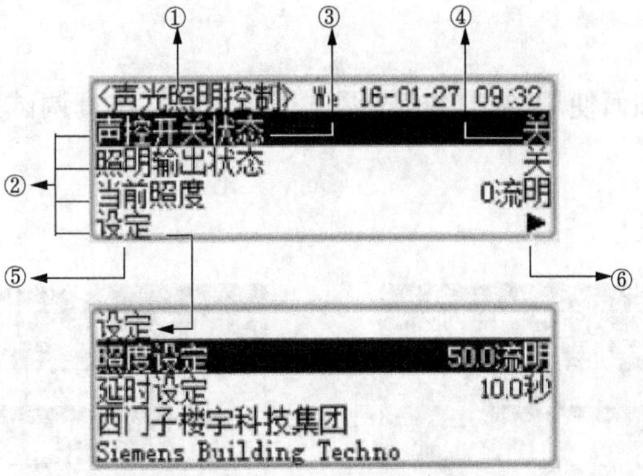

图 4-15　HMI 显示页面

其中，①表示页面名称；②表示行 1～行 4 的显示；③表示单行显示名称，例如通道或变量名；④表示单行显示的值，即变量或输入输出通道值；⑤表示子页面的名称；⑥表示进入子页面的标志（自动生成）。

（1）单击应用程序编辑页面中的“逻辑图绘制”。

（2）从左侧“显示”中拖曳页输入功能模块到编程区域。

（3）使用“显示”中的“文本”“字符串”“枚举文本列表”功能块，以及“数据”中的合适的功能块编辑 HMI 页面中每行显示的内容。

（4）经编译后，HMI 模拟器将显示所编程的内容。

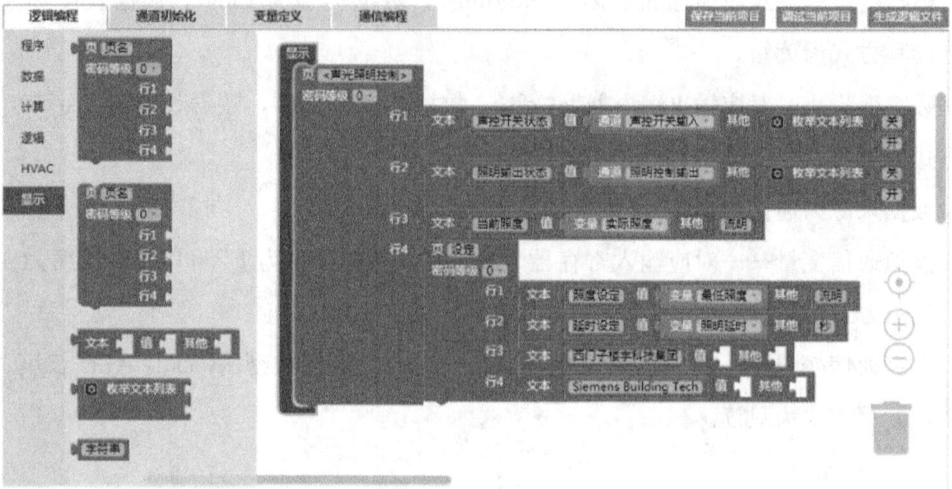

图 4-16　应用程序编辑页面

4.9　调试程序逻辑

本节将主要介绍如何使用离线模拟器调试程序逻辑。仿真调试界面如图 4-17 所示。

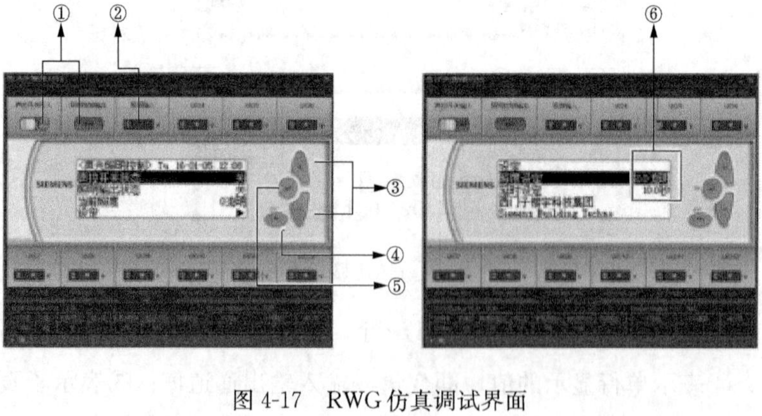

图 4-17　RWG 仿真调试界面

其中，①表示数字输入通道状态设置开关/ 数字输出通道状态显示；②表示模拟输入通道数值输入框；③表示上下移动选择 HMI 中各选项，或更改当前选项数值；

④表示返回或退出；⑤表示进入或确认；⑥表示设定值可更改。

编译程序和调试程序方法如下：

（1）单击“调试当前项目”按钮。

（2）若编译不成功，浏览器提示“工程编译异常”。单击“确定”按钮，返回“逻辑图绘制”检查并修改程序逻辑。

（3）若编译成功，RWG 控制器编程工具网站会提示选择一个路径并保存模拟器可执行文件的压缩包 *.zip。

（4）下载并保存该文件到本地计算机。

（5）使用解压缩软件（如 WinZip）解压并运行其中的 UBC.exe 文件。

1）模拟器开始运行，初始化的数字输入通道显示为开关，模拟输入通道显示为文本输入框。

2）HMI 呈现显示编程中的首页页面，变量值为设定的默认值。

3）长时间停用模拟器，HMI 自动灰屏，单击任一输入开关或灰色按键，HMI 退出休眠状态，显示区域亮起。

（6）按以下方法使用模拟器验证程序逻辑：

1）单击开关按钮更改数字输入通道状态；在文本框中输入数值或单击更改模拟输入通道值。

2）单击“＋”“－”键切换 HMI 当前选项或更改设定的变量值；更改变量时，长按鼠标左键可快速增减数值。

3）单击“OK”按钮可进入相应选项或确认当前操作，按 ESC 键返回上级或退出当前操作。

程序调试过程中，若需查看或更改除 12 个通道外的所有变量，即变量定义和通信编程中的变量，可使用 HMI 模拟器的变量调试界面。编程中，可将 HMI 首页显示不下的变量值，或输入输出通道的值赋给一个中间变量。这样在模拟器上可以方便地查看其在程序运行时的值。

注意：RWG 模拟器最多可同时查看 10 个变量值。

（1）在 RWG 模拟器上，单击按钮展开变量调试界面。

（2）从下拉列表中选择需要查看的变量，程序运行中变量的值会在右侧文本框中显示。

（3）在文本框中输入数值后按 Enter 键即可更改变量值。

（4）如有必要，单击按钮隐藏查看的变量，或单击按钮恢复显示隐藏的变量。

4.10 下 载 程 序

（1）单击“生成逻辑文件”。

（2）若编译成功，浏览器弹出“工程编译成功”提示框，单击“确定”按钮。若编译不成功，浏览器提示“工程编译异常”单击“确定”按钮，返回“逻辑编程”检查并修改程序逻辑。

注意：存在错误的功能块会被黄色高亮边框包围。

具体检查规则请参考编程页面中逻辑图绘制限制。

（3）当编译成功后，RWG 控制器编程工具网站会提示选择一个路径并保存应用程序 bin 文件（Ctrl. bin 和 HMI. bin）的压缩文件。

（4）下载并保存这两个 bin 文件到 U 盘根目录下。

注意：移动存储设备必须是无源 U 盘。格式化为 FAT32 或 FAT16 格式。不支持 NTFS 文件格式。

（5）将带有 Ctrl. bin 和 HMI. bin 的 U 盘连接至 RWG 控制器的 USB 端口。

（6）将 RWG 控制器断电重启。

（7）RWG 控制器自动装载程序，红色 LED 灯常亮，绿色 LED 灯闪烁。装载完成后，红灯熄灭，绿灯常亮。此时可拔出 U 盘。

注意：上电前按住全部 4 个按键即可强制进行升级，即使 U 盘里的程序与 RWG 控制器内的程序是同样的也可以进行升级。

4.11 时间表编程

（1）周时间表设置见表 4-1。

表 4-1　　周 时 间 表

周一		周二		周三		周四		周五		周六		周日	
开始时间	输出值	开始时间	输出值	开始时间	输出值	开始时间	输出值	开始时间	输出值	开始时间	输出值	开始时间	输出值
8：00	1	8：00	1	8：00	1	8：00	1	8：00	1	无设置		无设置	
12：00	3	12：00	3	12：00	3	12：00	3	12：00	3				
18：00	2	18：00	2	18：00	2	18：00	2	18：00	2				
20：00	1	20：00	0	20：00	0	20：00	0	20：00	0				

（2）特殊时间表见表 4-2［2018. 1. 17（周三）～2018. 1. 18（周四）］。

表 4-2　　特 殊 时 间 表

开始时间	输出值
10：00	1
15：00	0

（3）时间表变量见表 4-3。

表 4-3　　时 间 表 变 量

时间表 _ 使能	数字量	0（关）、1（开）	
时间表 _ 输出值	模拟量	默认值（DEF）、0、1、2、3	默认值：0（可设；未设置时间表的时间段，“时间表 _ 输出值”按照默认值输出）；最大值最小值可在规定范围内更改（0～3），不支持小数
	数字量	默认值（DEF）、0、1	默认值：0（可设；未设置时间表的时间段，“时间表 _ 输出值”按照默认值输出）

注意：时间表 _ 使能和时间表 _ 输出值不支持掉电保存。

表 4-4、表 4-5、表 4-6 均引用上方时间表设置。

表 4-4　　时间表设置不包含特殊时间

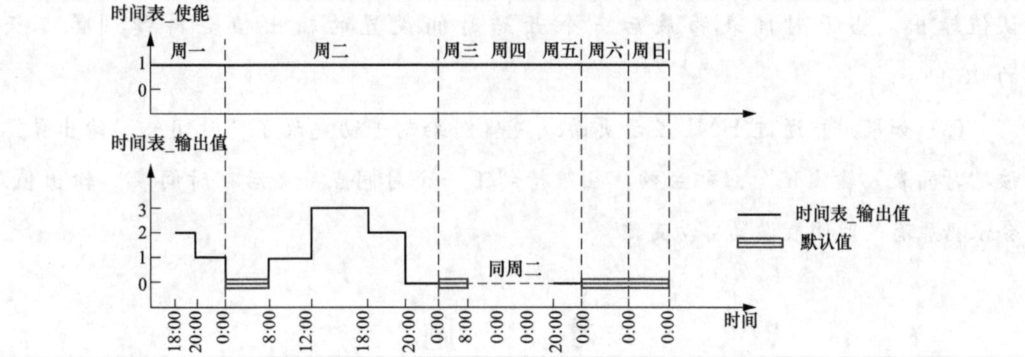

表 4-5　时间表设置包含特殊时间［特殊时间：2018. 1. 17（周三）～2018. 1. 18（周四）］

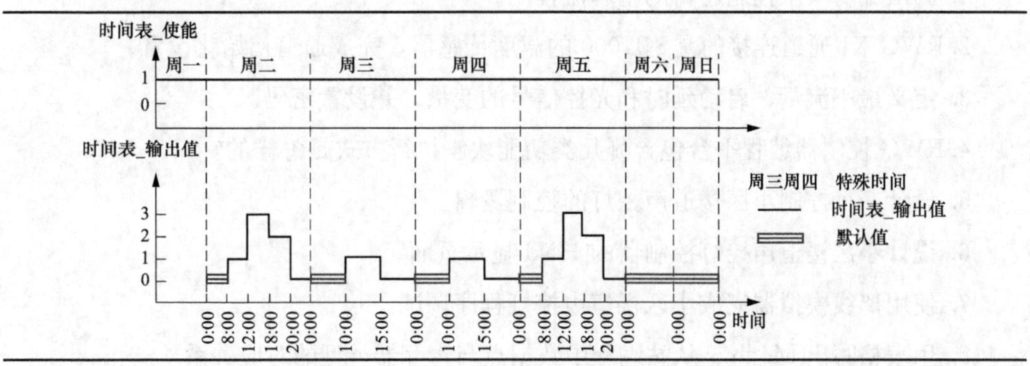

表 4-6　　　　表述时间表 _ 使能，时间表设置不包含特殊时间

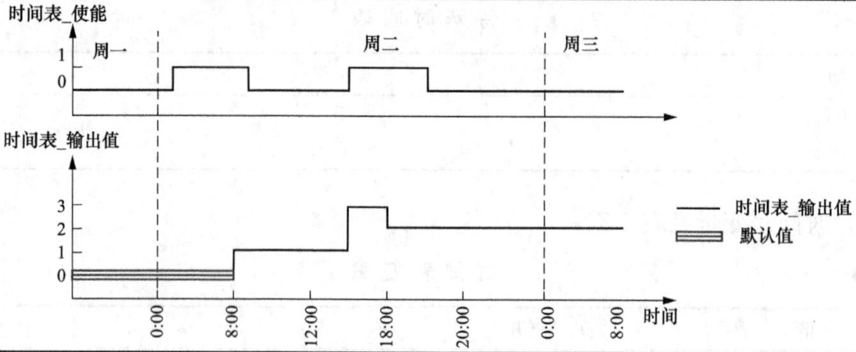

注意：

（1）时间表以天为单位，用户需以天为单位（00：00～23：59：59）定义输出值。

（2）周时间表如果没有设置时间，也没有启用特殊时间表，输出值为默认值。

（3）特殊时间表如只设置日期没有设置时间，特殊时间表也生效，输出值为默认值。

（4）每天的 00：00（且未在 00：00 设置输出值），则输出值自动重置为默认值。如每天的起始时间为非 00：00，则由当天 00：00 至起始时间内，输出值按默认值输出。当天时间表的最后一个开始时间设置的输出值会持续到第二天的 00：00。

（5）如果用户通过 HMI 显示页面或逻辑图绘制手动更改了“时间表 _ 输出值”，该“时间表 _ 输出值”立刻生效，且维持到下一个时间点，之后“时间表 _ 输出值”会依据原有的时间表设置自动变化。

习　　题

1. 画出编辑一个控制逻辑的基本流程图。

2. RWG X1 通道连接的是 NI1000 的温度传感器，完成通道初始化设置。

3. 定义最小流量、启动延时和光控信号的变量，并设置密码。

4. RWG 控制器编程平台包含哪几类功能块？执行方式是怎样的？

5. 设计一个控制小区楼道声控灯的控制逻辑。

6. 设计小区楼道声控灯控制器的 HMI 显示页面。

7. 使用离线模拟器完成小区楼道声控灯程序调试。

8. 用表格写出 Modbus 从站编程中数据点与寄存器类型的对应关系。

9. 使用 RWG 实验箱完成 2 台 RWG 控制器通信配置，并实现 3 个数据点的绑定。

10. RWG 通信数据的读写方式有几种？

11. Bool、Short16、Word16 类型的点与 Float 类型的点连续地址分别是什么？

12. 使用时间表编程功能，完成小区楼道声控灯只在工作日晚 7 点至早 6 点开启的程序。

第5章 逻辑功能块

5.1 程序类功能块

5.1.1 应用逻辑主循环

该功能块用于循环执行该模块内的命令，每个程序循环周期执行一遍。控制器会循环执行主循环内的命令，仅能使用一次，单个程序循环周期最快约18ms。

示例1：当机组开关（DI）闭合时，风机（DO）开机；当机组开关（DI）断开或者风机故障（DI）闭合时，风机（DO）停机。

5.1.2 定时循环

主循环之外的一个定时循环程序，控制器每周固定时间执行循环内的命令。

· 定时时间间隔可以设定整数的秒或分，控制器每隔这样的时间执行一遍。

· 一个控制器程序内最多可支持3个定时器循环程序。优先级与主循环相同，即同时并行运行。

注意：用户需要确保循环内的命令执行时间小于定时时间。定时时间一到，该循环程序会强制从头开始。

主循环和定时循环的异同：

· 相同：均为一个循环周期内执行一次模块内部全部命令。

· 区别：主循环周期是动态的，一般为几十毫秒；而定时循环周期是编程时指定的，运行后固定周期，最少为 1s（可以理解为该固定周期内执行完一次所有指令后以空指令填充）。

示例 2：每隔 5s 给变量 Var 加 1。

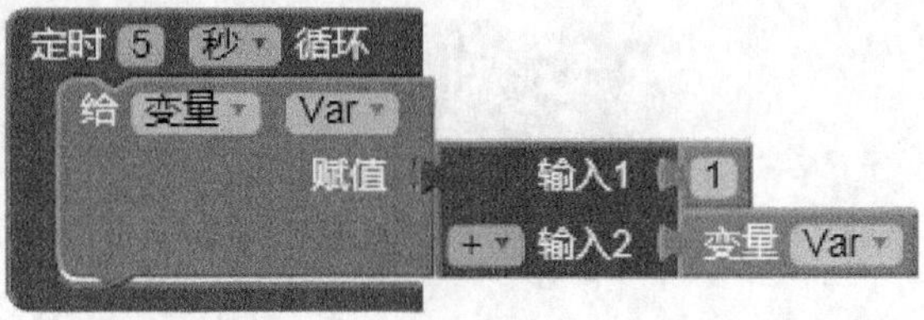

示例 3：每 3s 让 LED（DO）闪烁一下。

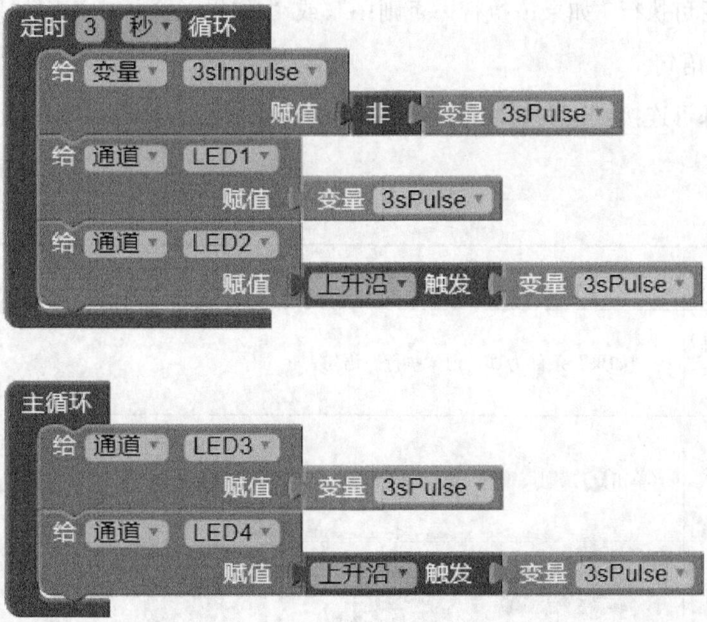

注意：定时脉冲信号 3slmpulse 是一个周期为 6s、占空比为 50%的方波，时序图如下。

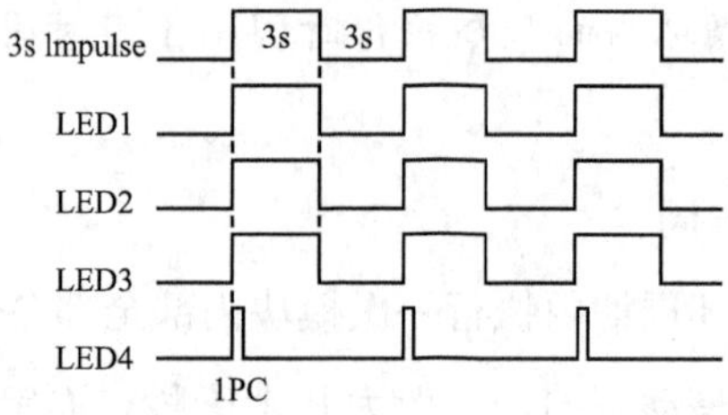

5.1.3　条件判断

条件判断功能模块可执行许多高级编程语言中的条件判断语句。

- 执行“如果…执行…”语句。
- 扩展后可执行“如果…执行…否则…”或“ 如果…执行…否则如果…执行…否则…”等组合语句。
- 其内部可连接赋值功能模块或者嵌套使用自身。

功能

功能	过程
“如果…执行…”语句	“如果”条件为真，则“执行”语句。
扩展“如果…否则”语句	单击按钮，拖曳一个“否则”作为“否则”条件分支 

续表

<table>
<tr><th>功能</th><th>过程</th></tr>
<tr><td>扩展“如果…否则如果…否则”语句</td><td>单击⚙按钮，拖曳一个或多个“否则如果”作为“否则如果，执行”条件分支；最后拖曳一个“否则”作为“否则”条件分支

</td></tr>
<tr><td>嵌套条件判断语句</td><td>
</td></tr>
</table>

输入要求

Pin	描述
如果	判断条件
否则如果	判断条件

输入值要求

Pin	数据类型	单位	默认值	取值范围
如果	数字量	N/A	N/A	真，假
否则如果				

示例 4：当机组开关（DI）闭合时，风机（DO）开机；当机组开关（DI）断开时，风机（DO）停机。

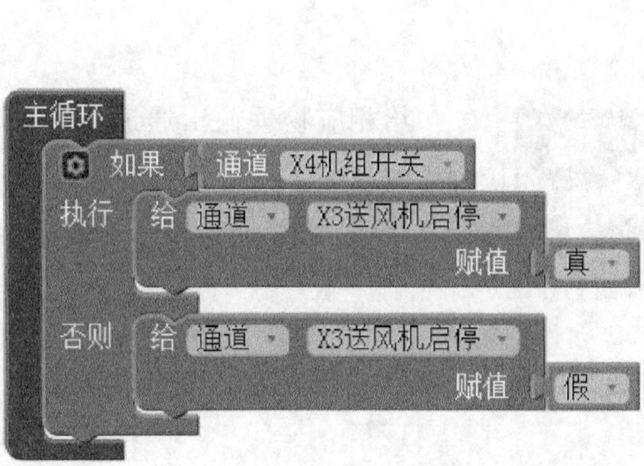

示例 5：在某些设计案例中，一个空调机组的启停来源可能有以下四种：远程开关、HMI 开关、时间表开关和 BMS 开关。本地开关作为总的使能信号，即本地开关断开则停机，本地开关闭合，之后启停方式需要在这四种开关中选择其一，且相应开关闭合或值为 1 则开机。

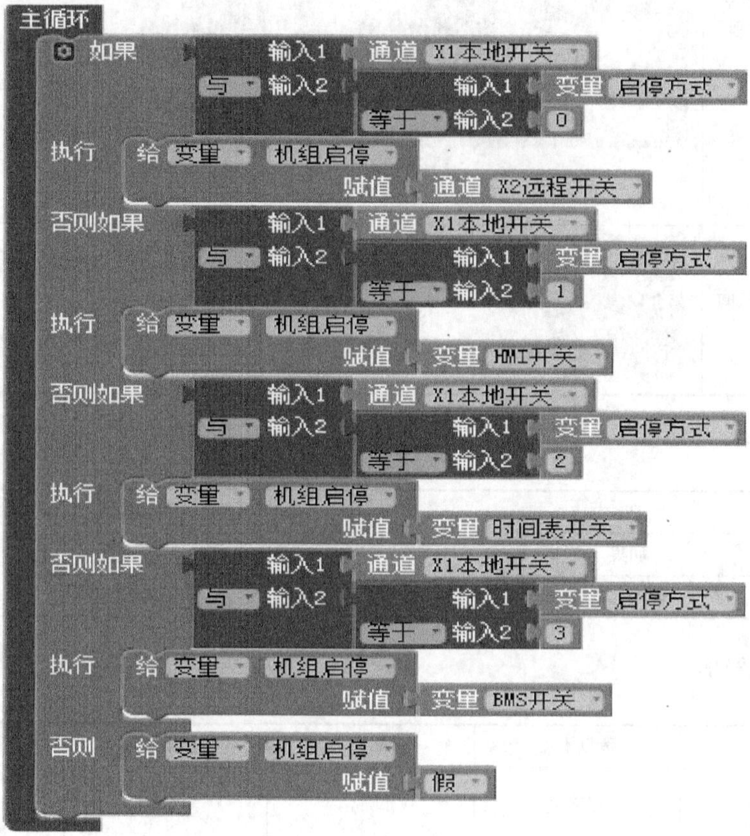

5.1.4　赋值

给相应物理输出通道、变量、通信变量、可编程红灯赋值。

· 第一选项中可选类型：物理输出通道、变量、通信、可编程灯。

· 第二选项中可选具体名称：工程中配置为输出的通道名称、定义的变量名称。

功能

功能	过程
给物理输出通道赋值	第一选项中选择 通道▾，第二选项中选择工程中定义的相应输出通道名称
给变量赋值	第一选项中选择 变量▾，第二选项中选择工程中定义的相应变量名称
给通信赋值	第一选项中选择 通信▾
给可编程红灯赋值	第一选项中选择 可编程灯▾，第二选项中自动配置为“红灯”（控制可编程红灯时，赋值为 0 代表熄灭，赋值为 1 代表常亮，赋值为 2 代表 1Hz 闪烁，赋值为 3 代表 5Hz 闪烁）

输入要求

Pin	描述
赋值	给物理输出通道、变量、通信、可编程灯赋值。赋值为物理输出通道和变量时，赋值类型应和相应物理输出通道或变量值类型相同

输入值要求

Pin	数据类型	单位	默认值	取值范围
赋值输入	模拟量、数字量	N/A	N/A	N/A

示例 6：当机组开关（DI）闭合时，风机（DO）开机；当机组开关（DI）断开时，风机（DO）停机。

示例 7：当机组开关（DI）闭合时，AHU 机组将根据当前室内温度（AI）和温度设定（变量）进行 PID 回路运算，运算结果驱动水阀输出（AO）。

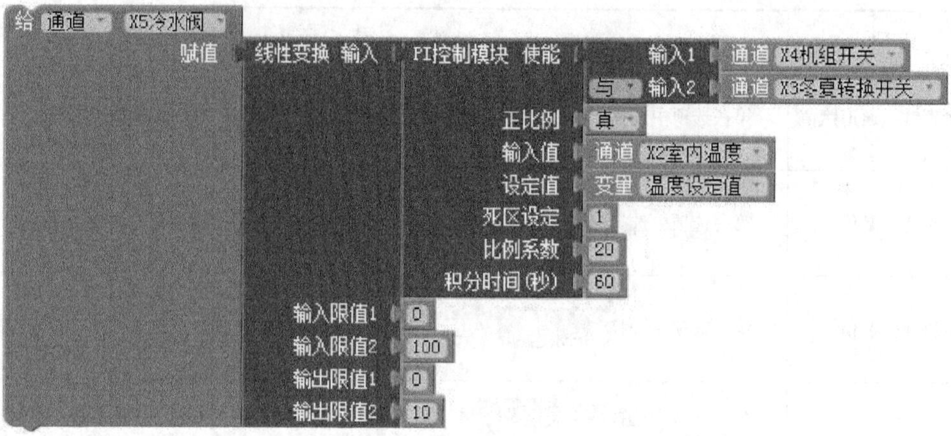

示例 8：一个回风温度传感器，信号类型为 0～10V，对应 0～50℃。

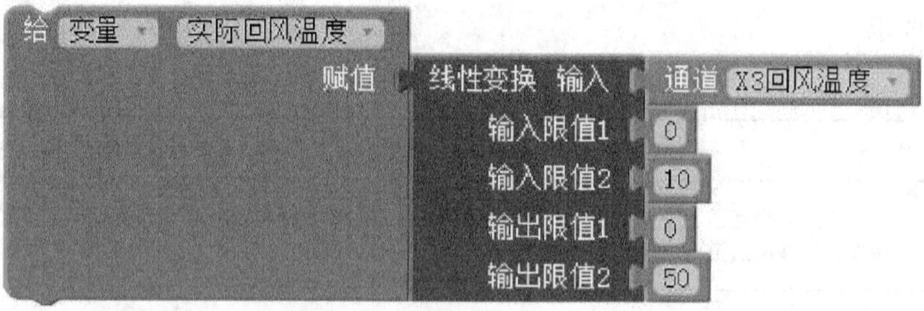

示例 9：当有报警时，可编程红灯 LED 常亮；为报警消失时，可编程红灯 LED 熄灭（注：控制可编程红灯时，赋值为 0 代表熄灭，赋值为 1 代表常亮，赋值为 2 代表 1Hz 闪烁，赋值为 3 代表 5Hz 闪烁）。

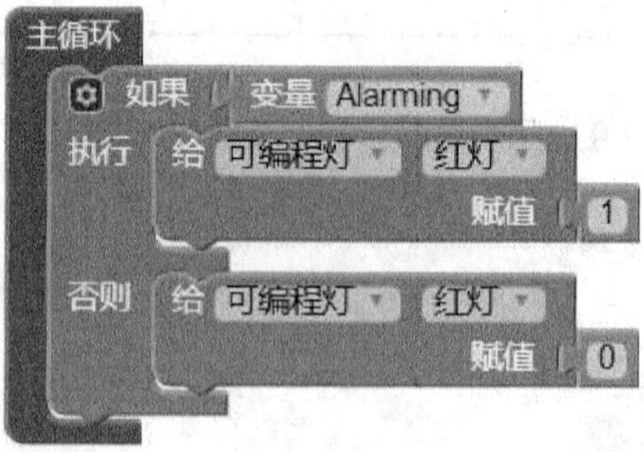

5.2　数据功能模块

数据功能模块分为模拟型常量功能模块、数字型常量功能模块、取变量值功能模块、取通道值功能模块、通道错误码功能模块、取通信变量功能模块、系统时钟功能模块以及通信从设备状态值功能模块。

5.2.1　模拟型常量功能模块

该功能模块可给其他功能模块输入模拟型常量。在该模块的输入框中直接写入整型或者浮点型模拟量，程序内部均按照单精度浮点数进行处理，建议赋值范围为－999 999 ～ 999 999。

输出要求

Pin	描述
输出	给其他功能模块输入所设定的模拟量

输出值要求

Pin	数据类型	单位	默认值	取值范围
输出	模拟量	N/A	N/A	N/A

示例 10：一个新风温度传感器，信号类型为 4～20mA，对应－40～70℃。

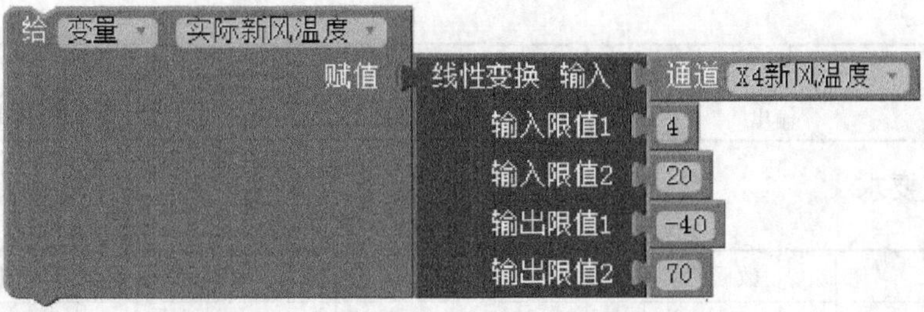

5.2.2　数字型常量功能模块

数字型常亮功能模块常用于给其他功能模块输入数字型常量。该模块可给其他功能模块输入数字型常量。在该模块的下拉列表中可以选择“真”或“假”。

输出要求

Pin	描述
输出	给其他功能模块输入数字型常量

输出值要求

Pin	数据类型	单位	默认值	取值范围
输出	数字量	N/A	N/A	0，1

示例 11：激活一个 PI 控制器，并且为反比例的。

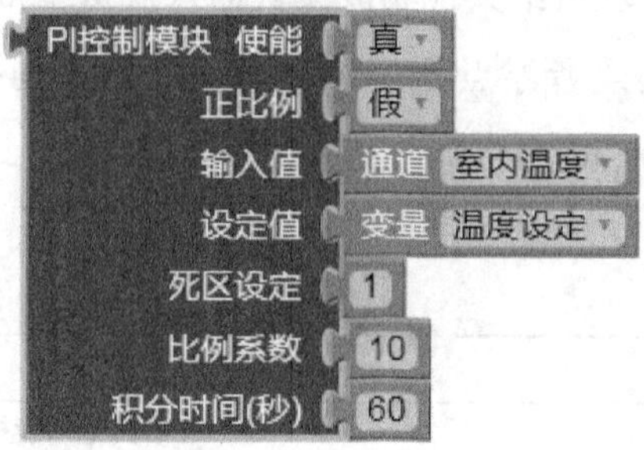

5.2.3　取变量值功能模块

该功能模块的选项中可选择所有用户定义过的变量。

输出要求

Pin	描述
输出	输出所取的变量值（数字量/模拟量）

输出值要求

Pin	数据类型	单位	默认值	取值范围
输出	数字量/模拟量	N/A	N/A	N/A

示例 12：夏天制冷过程。当机组开关（DI）闭合且冬夏转换开关（DI）闭合时，PI 控制器将根据室内温度（AI）和温度设定（变量）进行运算，运算结果驱动冷水阀输出（AO）。

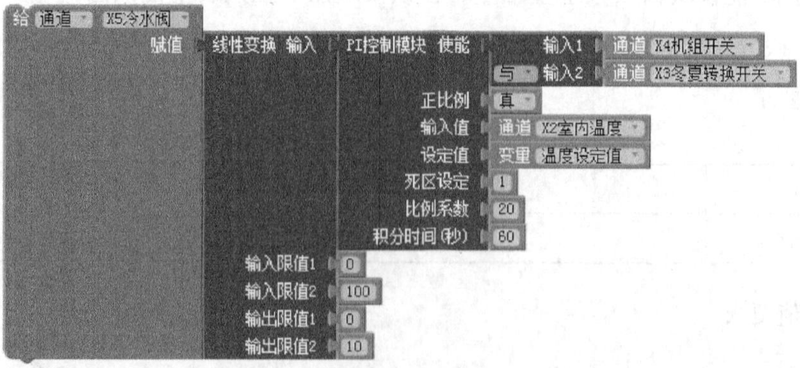

5.2.4　取通道值功能模块

在该功能模块中，可以选择所有用户定义过的以及原始的 UIO 通道的值。

输出要求

Pin	描述
输出	UIO 通道的值

输出值要求

Pin	数据类型	单位	默认值	取值范围
输出	数字量/模拟量	N/A	N/A	N/A

示例 13：一个新风温度传感器，信号类型为 4～20mA，对应−40～70℃。

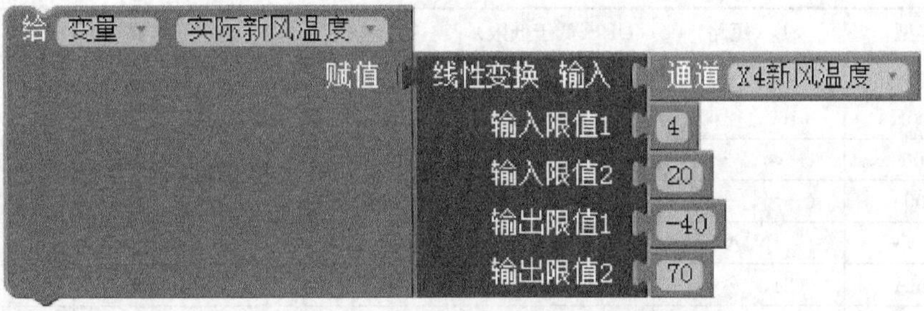

示例 14：夏天制冷过程。当机组开关（DI）闭合且冬夏转换开关（DI）闭合时，PI 控制器将根据室内温度（AI）和温度设定（变量）进行运算，运算结果驱动冷水阀输出（AO）。

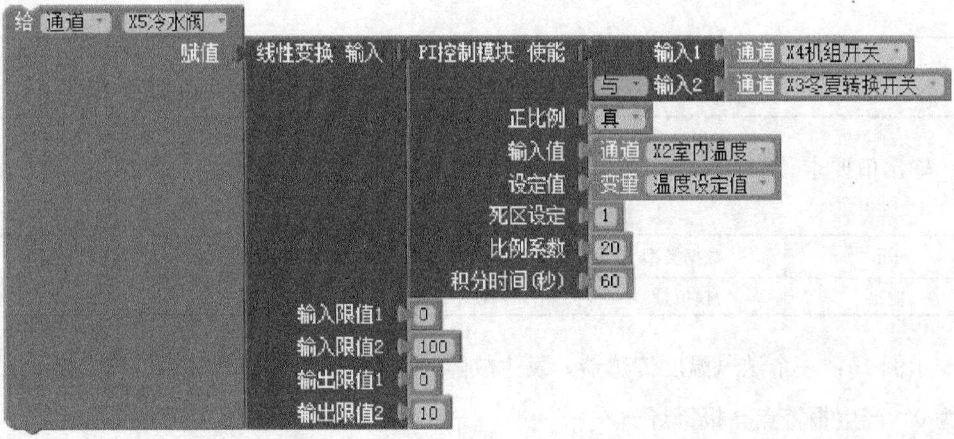

5.2.5　通道错误码功能模块

该功能模块用于取 UIO 通道的错误码。

UIO 通道值错误码示意

错误码	描述	在 Factory setting 页面中的缩写
0	正常	OK
1	保留	N/A
2	超上限	OR
3	超下限	UR
4	开路	OL
5	短路	SL
24	连接错误	ERR

ErrorCode 错误码的定义范围

输入类型	SL（短路）	UR（低于低限）	OK（正常）	OR（超过高限）	OL（开路）
NTC10K	(160，+∞)	(−50，−40)	(−40，155)	(155，160)	(−∞，−50)
NTC100K	(160，+∞)	(−15，−10)	(−10，155)	(155，160)	(−∞，−15)
PT1000	(−∞，−60)	(−60，−55)	(−55，155)	(155，180)	(180，+∞)
NI1000	(−∞，−60)	(−60，−55)	(−55，155)	(155，180)	(180，+∞)
0～10V	N/A	N/A	(0，10.5)	(10.5，+∞)	N/A
4～20mA	(24，+∞)	N/A	(0，22)	(22，24)	N/A
DI	N/A	N/A	N/A	N/A	N/A
PULSE	N/A	N/A	N/A	N/A	N/A
R_1000	N/A	N/A	N/A	N/A	N/A
R_10000	N/A	N/A	N/A	N/A	N/A

输出要求

Pin	描述
输出	UIO 通道的错误码

输出值要求

Pin	数据类型	单位	默认值	取值范围
输出	模拟量	N/A	N/A	N/A

示例 15：一个送风温度传感器，发生故障时（此时从相应 UIO 通道读出的错误码不为 0）产生报警点亮报警灯。

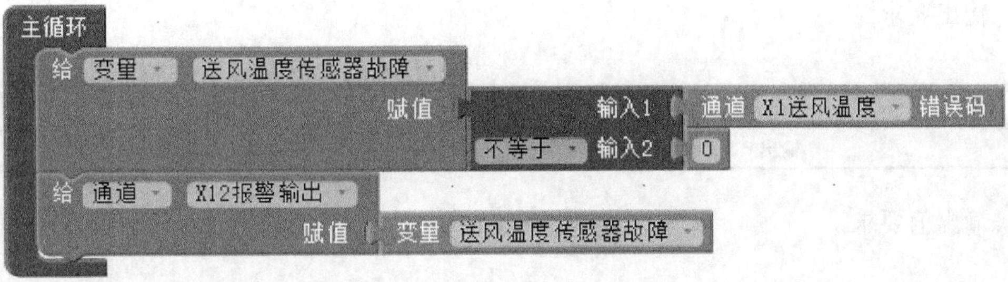

5.2.6 取通信变量功能模块

该功能模块用于在主站上取从站通信变量值，可以是 Modbus 四种寄存器的任何一种，比如 Input（输入寄存器）、Holding（输出寄存器）、Discrete（输入继电器）、Coil（输出继电器）。

输出要求

Pin	描述
输出	从站通信变量的值

输出值要求

Pin	数据类型	单位	默认值	取值范围
输出	数字量/模拟量	N/A	N/A	N/A

示例 16：一个 RWG 控制器做主站，另一个 RWG 控制器做从站，从站的 X3 通道接入一个 0～10 V 的水温传感器，原始数值传回主站进行处理。

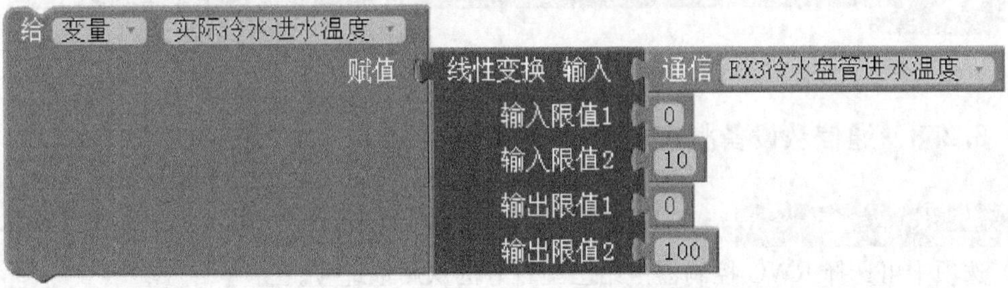

5.2.7 系统时钟功能模块

该功能模块用于取系统时间的值，选项中可选择年、月、日、时、分、秒、周。

输出要求

Pin	描述
输出	系统时间的值

输出值要求

Pin	数据类型	单位	默认值	取值范围
输出	模拟量	N/A	N/A	N/A

其中这些值的范围如下表所示。

年	2000～2099
月	1～12
日	1～31
时	0～23
分	0～59
秒	0～59
周	1～7

示例 17：当系统时钟在某设定年份之前，判定系统日期有效。

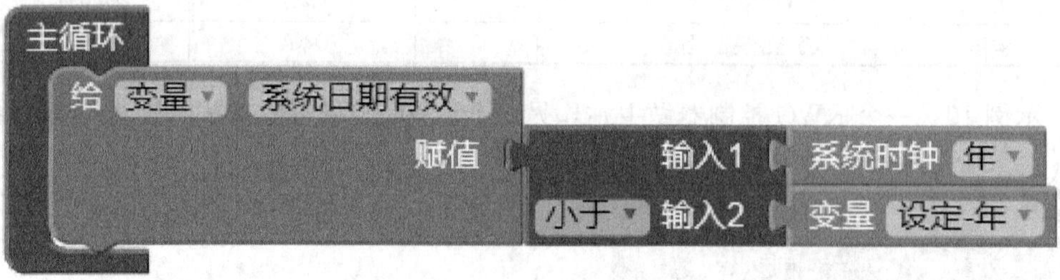

5.2.8　通信从设备状态值功能模块

该功能模块用于取 Modbus RS485 的通信从设备状态值，选项中可选择 RWG 控制器主站已配置好的从站地址号。

输出要求

Pin	描述
输出	Modbus RS485 通信从设备状态值

输出值要求

Pin	数据类型	单位	默认值	取值范围
输出	数字量	N/A	N/A	N/A

示例 18：主站 RWG 控制器逻辑判断 RS485 从站掉线。

5.3 计算功能模块

计算功能模块分为算术运算功能模块、最大值/最小值运算功能模块、限值运算功能模块、多路选择功能模块、线性变换功能模块以及取位运算功能模块。

5.3.1 算术运算功能模块

该功能模块用于进行加减乘除指数等算术运算，可选项为加（+）、减（−）、乘（×）、除（/）、指数（^）。

输入要求

Pin	描述
输入 1	需要进行算术运算的模拟量作为输入 1
输入 2	需要进行算术运算的模拟量作为输入 2

输出要求

Pin	描述
输出	输入 1 和输入 2 进行算术运算的结果，输出值为模拟量

输入值要求

Pin	数据类型	单位	默认值	取值范围
输入 1	模拟量	N/A	N/A	N/A
输入 2	模拟量	N/A	N/A	N/A

输出值要求

Pin	数据类型	单位	默认值	取值范围
输出	模拟量	N/A	N/A	N/A

示例 19：一个数值计算，公式为 Out=a×x+b×（y^2）－c/z

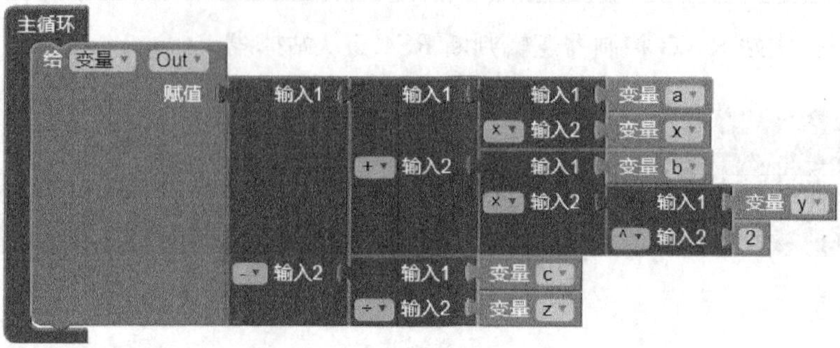

5.3.2　最大值/最小值运算功能模块

该功能模块用于取两个数值之间的最大值或最小值，选项为"最大值"和"最小值"。

输入要求

Pin	描述
输入 1	需要进行大小比较的模拟量 1
输入 2	需要进行大小比较的模拟量 2

输出要求

Pin	描述
输出	输出两个输入值的最大值或最小值

输入值要求

Pin	数据类型	单位	默认值	取值范围
输入 1	模拟量	N/A	N/A	N/A
输入 2	模拟量	N/A	N/A	N/A

输出值要求

Pin	数据类型	单位	默认值	取值范围
输出	模拟量	N/A	N/A	N/A

示例 20：

（1）Y1 取 a 和 b 之间的最小值，Y2 取 c 和 d 之间的最大值。

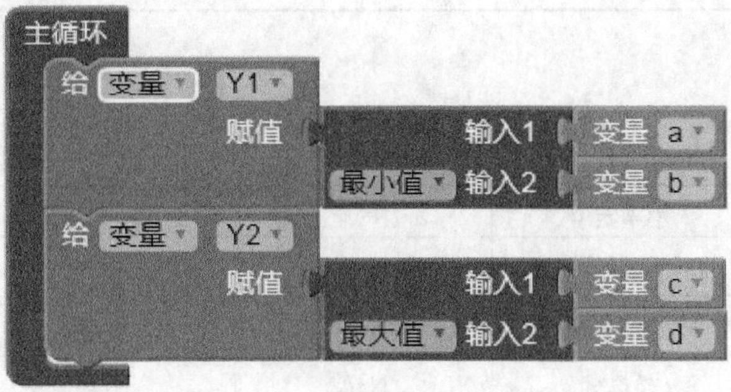

（2）恒温恒湿机组的冷水阀输出遵循输出最大优先原则，即取制冷回路运算值和除湿回路运算值的最大值。

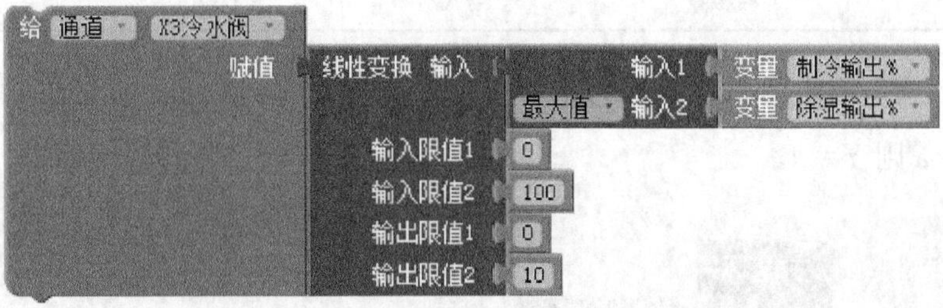

5.3.3　限值运算功能模块

限值运算功能模块用于将某数值限制在预设的限制值之间。如果小于最小值，则输出取最小值；如果大于最大值，则输出取最大值；如果输入介于最小值和最大值之间，则输出取输入值。

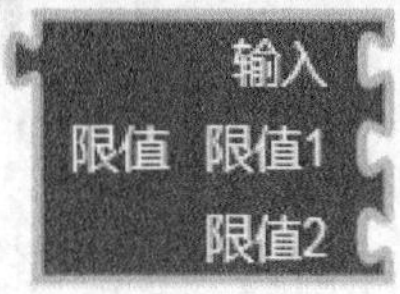

输入要求

Pin	描述
输入	需要进行限制运算的模拟量作为输入
限值 1	预设的限值 1
限值 2	预设的限值 2

输出要求

Pin	描述
输出	经限值运算后所得出的相对应的输出值

输入值要求

Pin	数据类型	单位	默认值	取值范围
输入	模拟量	N/A	N/A	N/A
限值 1	模拟量	N/A	N/A	N/A
限值 2	模拟量	N/A	N/A	N/A

输出值要求

Pin	数据类型	单位	默认值	取值范围
输出	模拟量	N/A	N/A	N/A

示例 21：Y 取值限于 b 和 a 之间（a＞b）；若 x＜b 则 Y＝b；若 x＞a 则 Y＝a；若 b＝＜x＜＝a 则 Y＝x。

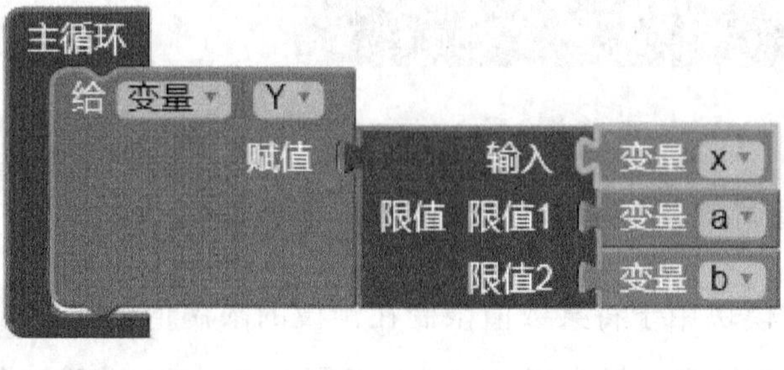

5.3.4　多路选择功能模块

该功能模块用于从多个输入中选择其中之一作为输出。选择因子值从 0 开始，最多可以扩展到 8 路输入。

输入要求

Pin	描述
选择因子	值为 0～7 的整型的通道、变量或表达式。其值与输入 1～8 对应
输入 1～8	可供选择的输入

输出要求

Pin	描述
输出	根据选择因子的值，输出对应选择输入的值。例如，若选择因子表达式值为 2，输出为输入 2 的值

输入值要求

Pin	数据类型	单位	默认值	取值范围
输入 1	模拟量	N/A	N/A	N/A
输入 2	模拟量	N/A	N/A	N/A

输出值要求

Pin	数据类型	单位	默认值	取值范围
输出	模拟量	N/A	N/A	N/A

示例 22：

(1) 两管制系统。当冬夏转换开关（DI）闭合，即夏季时，水阀根据制冷 PI 回路进行输出；当冬夏转换开关（DI）断开，即冬季时，水阀根据制热 PI 回路进行输出。

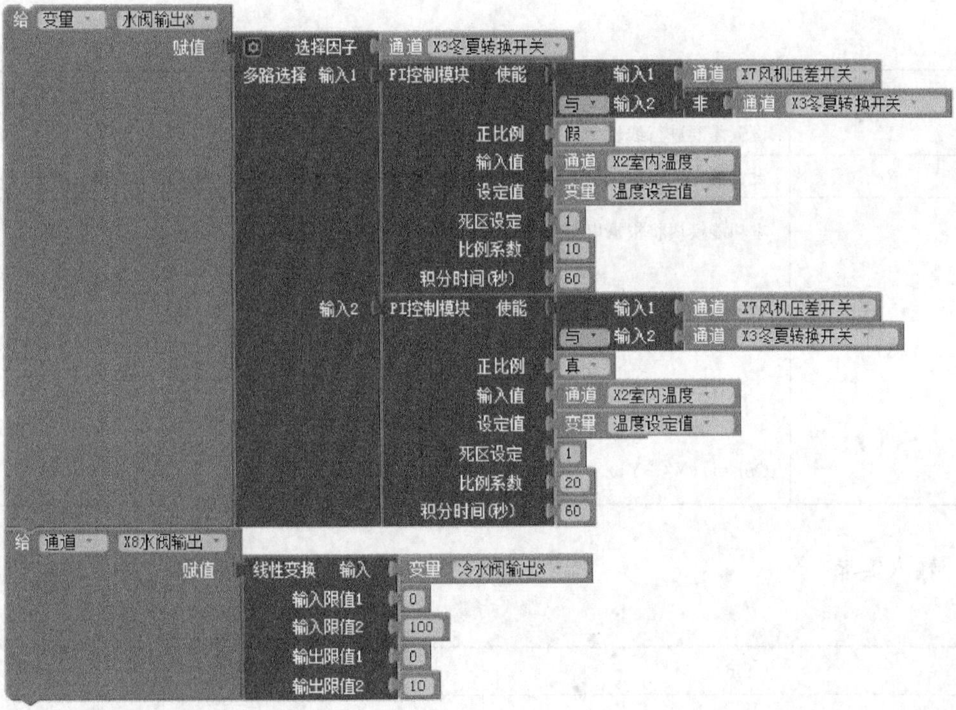

(2) 用作数据锁存器，比如在采样那一刻（上升沿）时将数据 A 存入 RestoreA 中，然后过了这一刻就会维持该值。

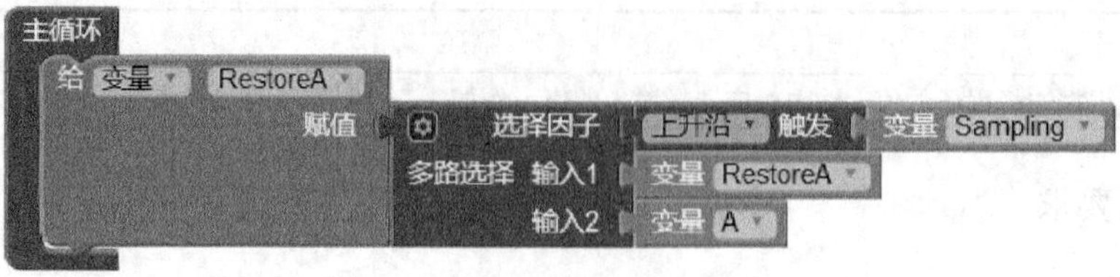

5.3.5　线性变换功能模块

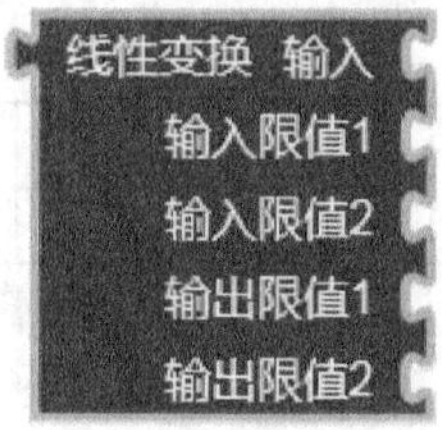

该功能模块使用线性函数根据给定的输入值计算出相应的输出值。

操作步骤

步骤	描述
1	设置需要进行线性变换的输入
2	设置输入的值域（输入限值 1，输入限值 2）和输出的值域（输出限值 1，输出限值 2）
3	本功能模块将根据以下线性曲线函数由输入值计算出相应输出值： 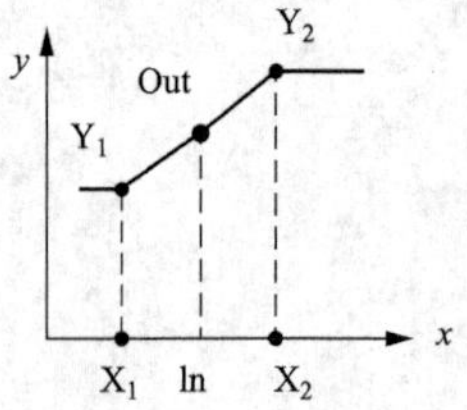 Out ＝（Y2－Y1）×（In－X1）/（X2－X1）＋Y1

输入要求

Pin	描述
输入	需要进行线性变换的模拟量作为输入（In）
输入限值 1	输入值的最低限制（X1）
输入限值 2	输入值的最高限制（X2）

续表

Pin	描述
输出限值 1	输出值的最低限制（Y1）
输出限值 2	输出值的最高限制（Y2）

输出要求

Pin	描述
线性变换输出	将输入（In）值根据线性函数计算出的相对应的输出值（Out）

输入值要求

Pin	数据类型	单位	默认值	取值范围
输入	模拟量	N/A	N/A	N/A
输入限值 1	模拟量	N/A	N/A	小于“输入限值 2”
输入限值 2	模拟量	N/A	N/A	大于“输入限值 1”
输出限值 1	模拟量	N/A	N/A	小于“输出限值 2”
输出限值 2	模拟量	N/A	N/A	大于“输出限值 1”

输出值要求

Pin	数据类型	单位	默认值	取值范围
线性变换输出	模拟量	N/A	N/A	“输出限值 1”与“输出限值 2”之间（含限值）

示例 23：

（1）夏天制冷过程。当机组开关（DI）闭合且冬夏转换开关（DI）闭合时，PI 控制器将根据室内温度（AI）和温度设定值（变量）进行运算，运算结果驱动冷水阀输出（AO）。

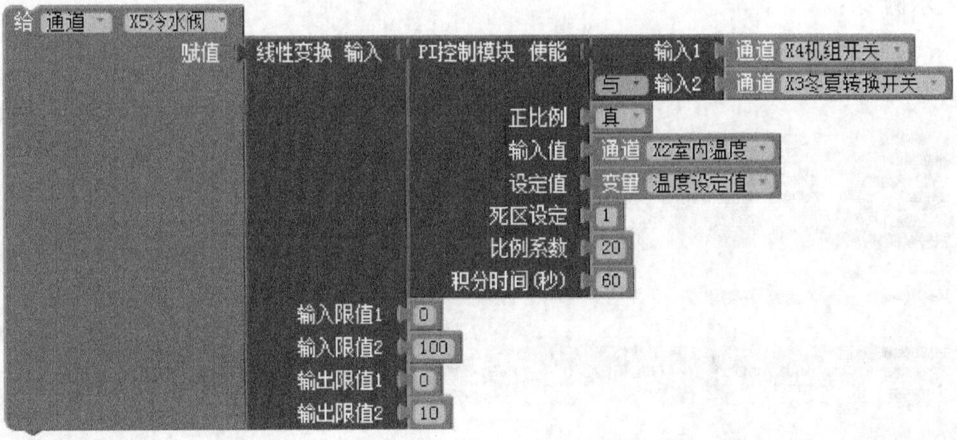

(2) 新风温度传感器的信号类型为 4～20mA。将此信号值线性变换为－40～70℃对应的温度。

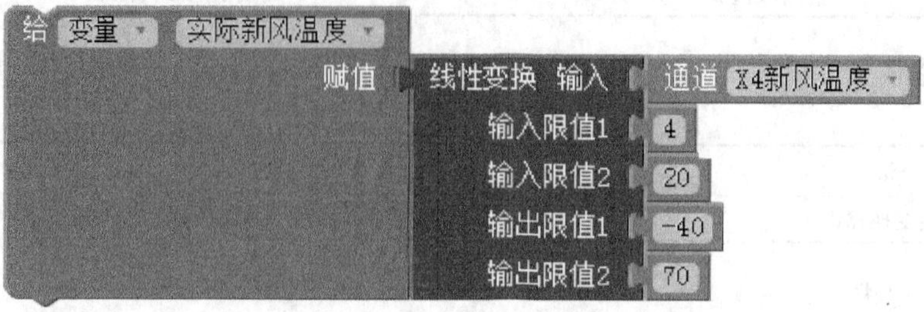

5.3.6　取位运算功能模块

该功能模块主要用于对模拟量数值做取位运算，在 Modbus 主站读从站的一些合成数据中常见，如综合报警、DI、DO 等。

输入要求

Pin	描述
输入	模拟量数值，一般为整数，即使非整数也只取整数部分进行处理（不做四舍五入）

输出要求

Pin	描述
输出	根据选择，输出对应 Bit0～Bit15 的开关量，或者取模拟量的整数部分（直接舍弃小数部分，不做四舍五入）

示例 24：

(1) 本机做主站，在从机上读取综合报警值，拆位成相应的报警值使用。

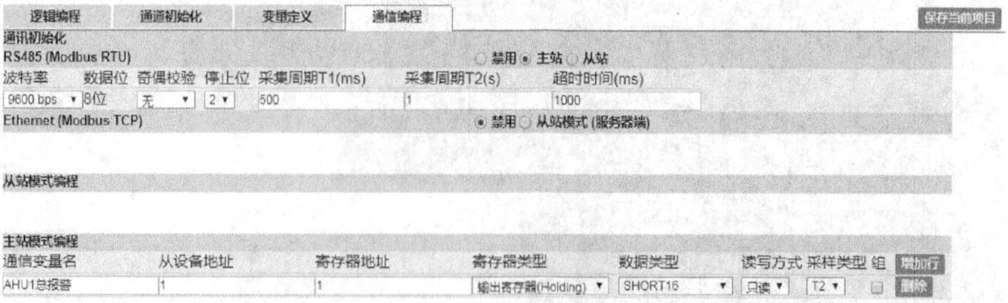

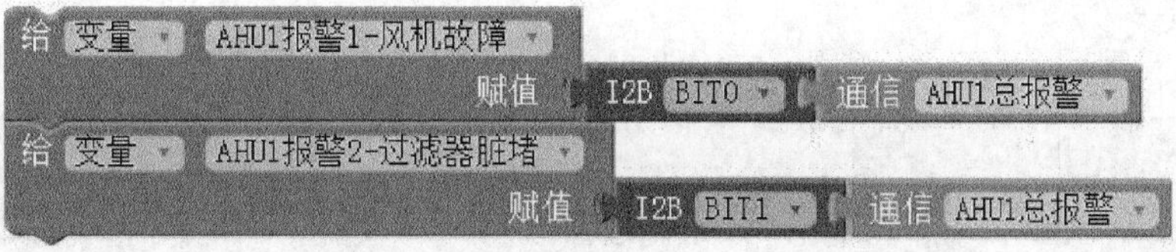

（2）一些 Modbus 从站设备的寄存器仅能接收写入整型值（Word），这就需要 RWG 控制器做主站时对发给从站的数据进行取整（有符整型）后再发送才能传输正确的数据。

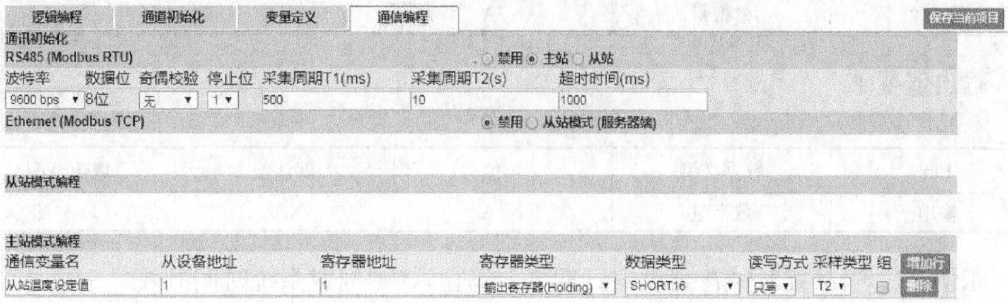

5.4　逻 辑 功 能 模 块

逻辑功能模块分为比较运算功能模块、逻辑运算（与、或）功能模块、逻辑运算（非）功能模块、定时器（接通延时、断开延时和脉冲输出）功能模块、启停控制功能模块以及脉冲触发（上升沿、下降沿）功能模块。

5.4.1　比较运算功能模块

该功能模块用于比较两个输入值的大小，可选项有：等于、不等于、小于、小于或等于、大于、大于或等于。

输入要求

Pin	描述
输入 1	需要进行数值比较运算的数值 1
输入 2	需要进行数值比较运算的数值 2

输出要求

Pin	描述
输出	输入 1 和输入 2 进行大小比较之后所得的输出值。若比较等式成立，则为真，否则为假

输入值要求

Pin	数据类型	单位	默认值	取值范围
输入 1	模拟量	N/A	N/A	N/A
输入 2	模拟量	N/A	N/A	N/A

输出值要求

Pin	数据类型	单位	默认值	取值范围
输出	数字量	N/A	N/A	真（1），假（0）

示例 25：当系统时钟在某设定日期之前（含），则判定系统时间有效。

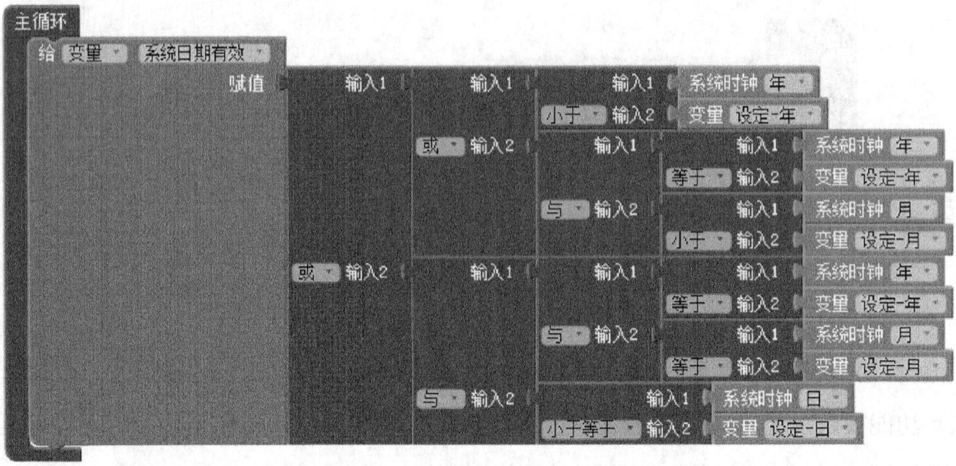

5.4.2　逻辑运算（与、或）功能模块

该功能模块用于进行两个数字量的与/或逻辑运算，有两个选项：与和或。

输入要求

Pin	描述
输入 1	需要进行与/或逻辑运算的数字量 1
输入 2	需要进行与/或逻辑运算的数字量 2

输出要求

Pin	描述
输出	经与/或逻辑运算之后所得出的相应输出值，数据类型为数字量

输入值要求

Pin	数据类型	单位	默认值	取值范围
输入 1	数字量	N/A	N/A	1，0
输入 2	数字量	N/A	N/A	1，0

输出值要求

Pin	数据类型	单位	默认值	取值范围
输出	数字量	N/A	N/A	1，0

示例 26：当系统时钟在某设定日期之前（含），则判定系统时间有效。

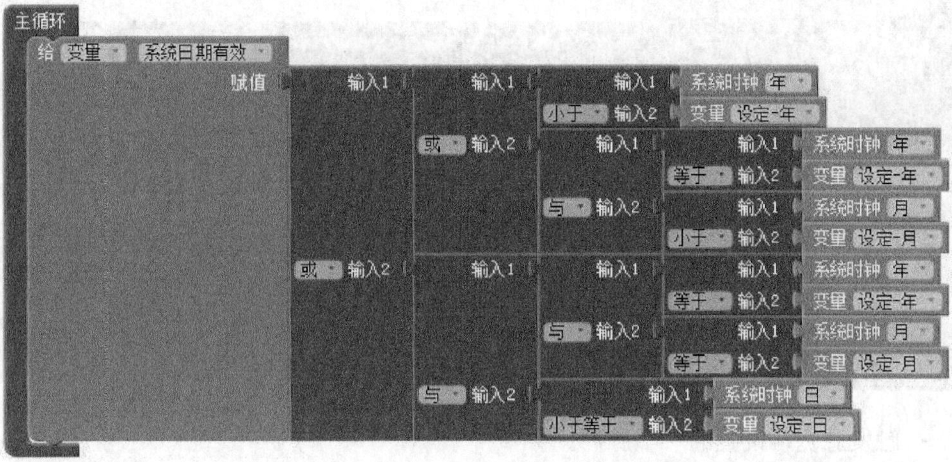

5.4.3　逻辑预算（非）功能模块

该功能模块用于数字量的取反运算。

输入要求

Pin	描述
输入	做非运算的数字量

输出要求

Pin	描述
输出	经非运算计算出的相应的输出值

输入值要求

Pin	数据类型	单位	默认值	取值范围
输入	数字量	N/A	N/A	0，1

输出值要求

Pin	数据类型	单位	默认值	取值范围
输出	数字量	N/A	N/A	0，1

示例 27：当机组开关（DI）闭合时，风机（DO）开机；当机组开关（DI）断开或者风机故障（DI）闭合时，则风机（DO）停机。

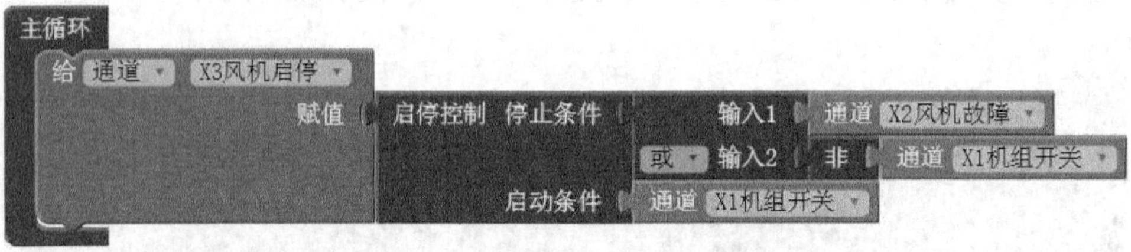

5.4.4　定时器功能模块

该功能块可以用来：

- 延时接通和关闭开关量信号。
- 触发脉宽可设置的一个脉冲。

功能	时序图
接通延时	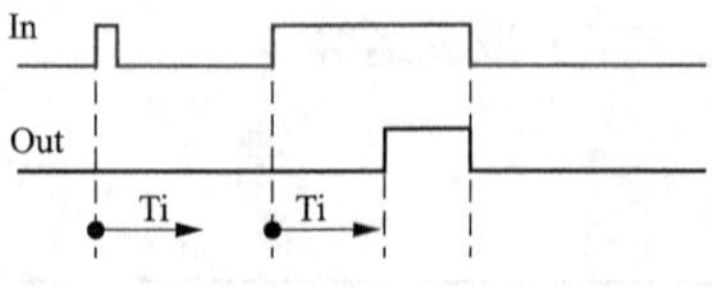 Ti- 延时时间 输入信号［In］从 0 变为 1 且保持，延时［Ti］秒后输出信号［Out］变为 1。如果［Ti］时间未到而输入［In］信号变为 0，则命令无效

续表

功能	时序图
断开延时	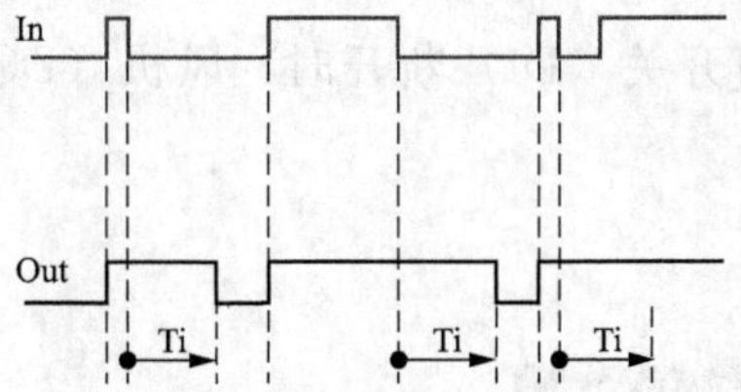 Ti- 延时时间 输入信号［In］从 1 变为 0，延时［Ti］秒（或分钟）后输出信号［Out］变为 0。如果［Ti］时间未到而输入［In］信号又变为 1，则命令无效
脉冲输出	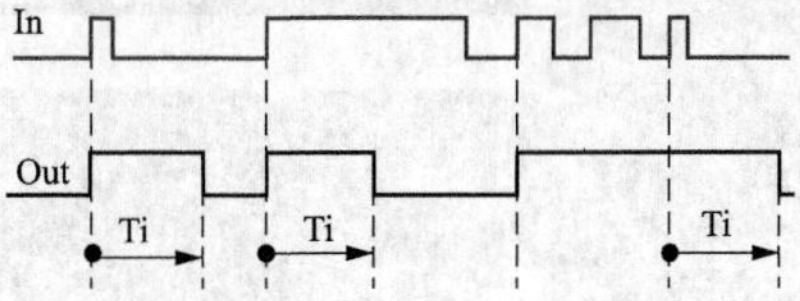 Ti- 延时时间 输入信号［In］从 0 变为 1 时，输出信号［Out］变为 1 并持续［Ti］秒（或分钟）

输入要求

Pin	描述
输入 1	时间设置
输入 2	输入信号

输出要求

Pin	描述
输出	输出信号状态

输入值要求

Pin	数据类型	单位	默认值	取值范围
输入 1	模拟量	秒	N/A	N/A
输入 2	数字量	N/A	N/A	1，0

输出值要求

Pin	数据类型	单位	默认值	取值范围
输出	数字量	N/A	N/A	1，0

示例 28：

开机时：当机组开关（DI）闭合时，风阀（DO）开启，延时 90s 后风机（DO）开机；

关机时：当机组开关（DI）断开时，风机（DO）停机，延时 60s 后风阀（DO）关闭。

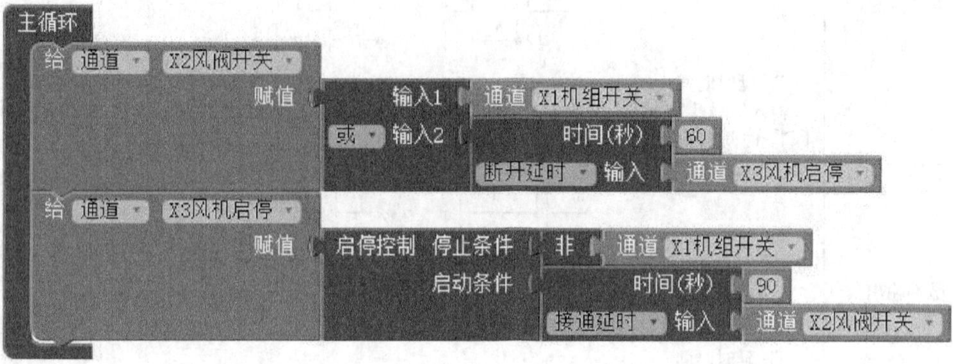

5.4.5　启停控制功能模块

启停控制模块等同于 RS 触发器，R 复位优先，即若置位和复位信号同时为真，则输出结果复位为假 。

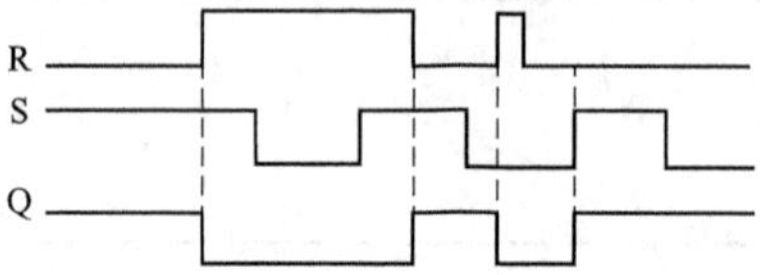

输入要求

Pin	描述
停止条件	复位信号
启动条件	置位信号

输出要求

Pin	描述
启停控制	当复位信号为真，置位信号为假时，输出变为假；当复位信号为假，置位信号为真时，输出变为真；当复位和置位信号同时为假时，输出状态不变；当复位和置位信号同时为真时，输出变为假

输入值要求

Pin	数据类型	单位	默认值	取值范围
停止条件	数字量	N/A	N/A	1，0
启动条件	数字量	N/A	N/A	1，0

输出值要求

Pin	数据类型	单位	默认值	取值范围
启停控制	数字量	N/A	N/A	1，0

示例 29：

开机时：当机组开关（DI）闭合时，风阀（DO）开启，延时 90s 后风机（DO）开机；

关机时：当机组开关（DI）断开时，风机（DO）停机，延时 60s 后风阀（DO）关闭。

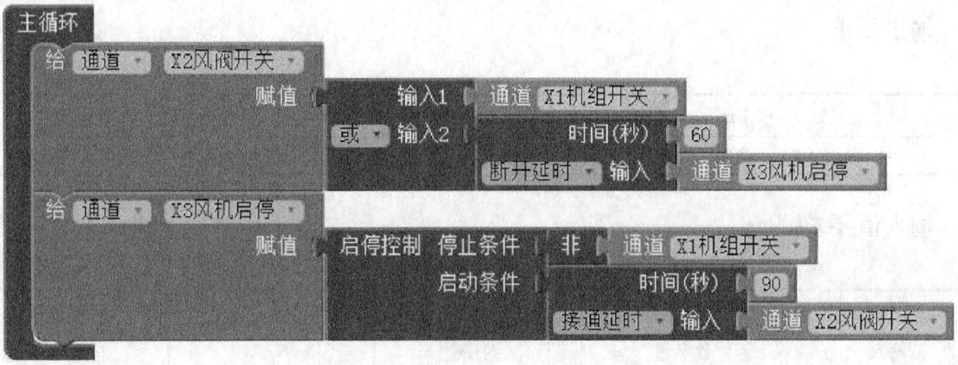

5.4.6　脉冲触发功能模块

该功能模块用于输出一个由上升沿或者下降沿触发的单脉冲，执行周期为一个程序周期（Program Cycle）时间。

上升沿触发器，当检测到输入 IN 有上升沿时会触发一个单脉冲输出，持续一个程序周期。

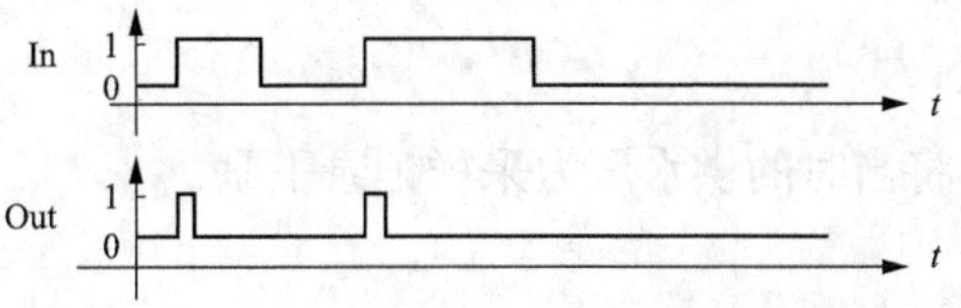

下降沿触发器，当检测到输入 IN 有下降沿时会触发一个单脉冲输出，持续一个程序周期。

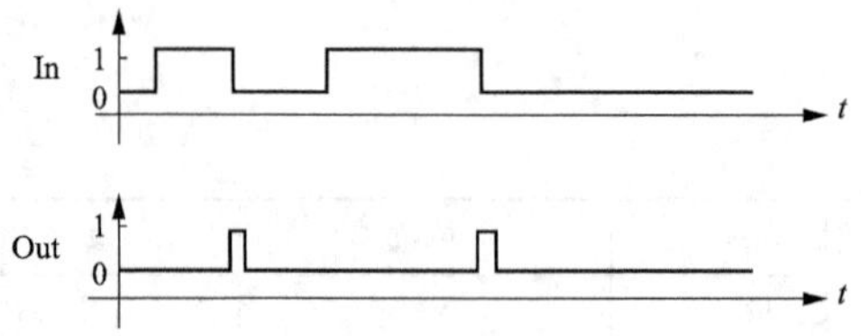

输入要求

Pin	描述
输入	输入信号

输出要求

Pin	描述
输出	输出信号依据脉冲触发器的命令发生状态改变

输入值要求

Pin	数据类型	单位	默认值	取值范围
输入	数字量	N/A	N/A	1，0

输出值要求

Pin	数据类型	单位	默认值	取值范围
输出	数字量	N/A	N/A	1，0

示例 30：

（1）一个声控开关，触发一个 10s 延时的电灯。

（2）水泵停机时，将当时的供水压力采样记录下来。

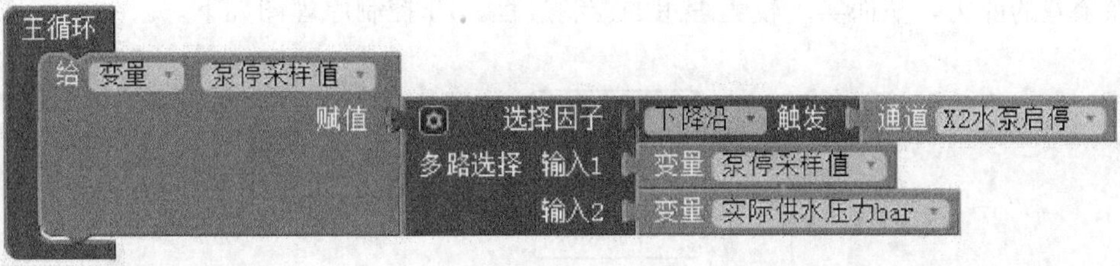

5.5 供暖通风与空气调节系统 HVAC 功能模块

HVAC 功能模块分为 PI 控制功能模块和空调参数计算功能模块。

5.5.1 PI 控制功能模块

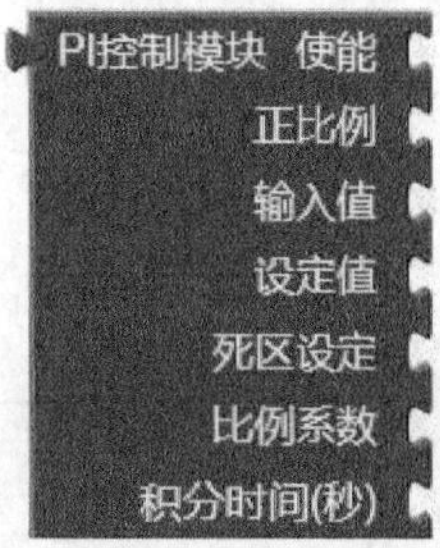

该功能模块是一个 PI（比例积分）回路控制模块。这个 PI 控制功能模块将收集到的数据和一个设定值比较，然后把这个差作为控制结果的反馈用于计算新的输出值，从而使系统的数据达到或稳定在设定值附近。可以用数学方法证明，在其他控制方法导致系统有稳定误差或过程反复的情况下，PI 反馈回路可以很好地保持系统的稳定。

PI 控制功能模块可以用来控制 HAVC 应用中的温度、压强、流量、速度等变量。它采用两种算法来调整被控制的数值。

· 比例：使用当前值来控制。将设定值与当前输入之间的误差值和一个比例系数（K_p）相乘，然后将此乘积用于计算控制模块输出。比例控制的输出变化与输入的偏差成正比。比如说，一个电热器的控制器的比例带范围是 10℃，它的预定值是 20℃。那么它在 10℃的时候会输出 100%，在 15℃的时候会输出 50%，在 19℃的时候输出 10%，而在 20℃时会输出 0。

· 积分：使用过去值来控制。将过去一段时间内（常数）的误差和与一个常数 K_i 相乘，然后将此乘积用于计算控制模块输出。积分控制的输出与输入偏差对时间的积分成正比，常数的大小表征了积分控制作用的强弱。常数越小，控制作用越强；反之，控制作用越弱。

PI 控制功能模块结合了以上两种控制方法，比例控制使得控制非常及时、迅速，即只要存在误差，控制器立即产生控制作用；而积分控制考虑时间累积的因素，具有消除余差的能力，从而实现较为理想的控制过程。PI 控制原理图如下。

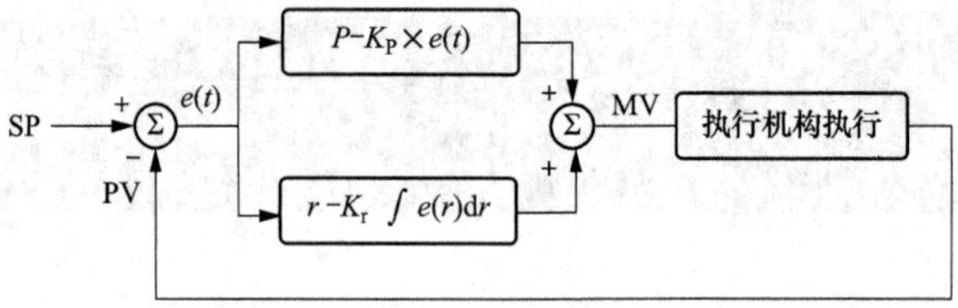

输入要求

<table>
<tr><th>Pin</th><th colspan="3">描述</th></tr>
<tr><td>使能</td><td colspan="3">是否开启 PI 控制</td></tr>
<tr><td rowspan="6">正比例</td><td colspan="3">定义控制方向：
真：正比例控制。如果输入值（Xctr）增长，控制输出也增长。用于制冷、除湿控制过程。
假：反比例控制。如果输入值（Xctr）增长，控制输出减小。用于制热、加湿、恒压变频控制过程</td></tr>
<tr><td rowspan="5">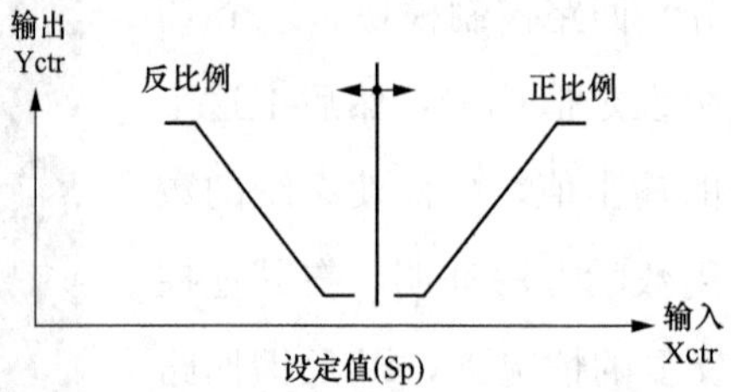
</td><td></td><td>Xctr - -P</td><td>Yctr</td></tr>
<tr><td rowspan="2">正比例</td><td>＜0</td><td>0</td></tr>
<tr><td>⩾0</td><td>0 ～ 100%</td></tr>
<tr><td rowspan="2">反比例</td><td>＞0</td><td>0%</td></tr>
<tr><td>⩽0</td><td>0～ 100%</td></tr>
<tr><td>输入值</td><td colspan="3">控制输入，一般为系统中的传感器得到的测量结果，如温度、水位等</td></tr>
<tr><td>设定值</td><td colspan="3">设定的参考值。通过 PI 控制可使输入值达到或维持在参考值</td></tr>
<tr><td>死区设定</td><td colspan="3">如果控制偏差小于半死区值［Sp］-［Xctr］＜［Nz］/2，则控制输出值经过 7 个程序循环周期后将维持当前值不变直到偏差超出死区
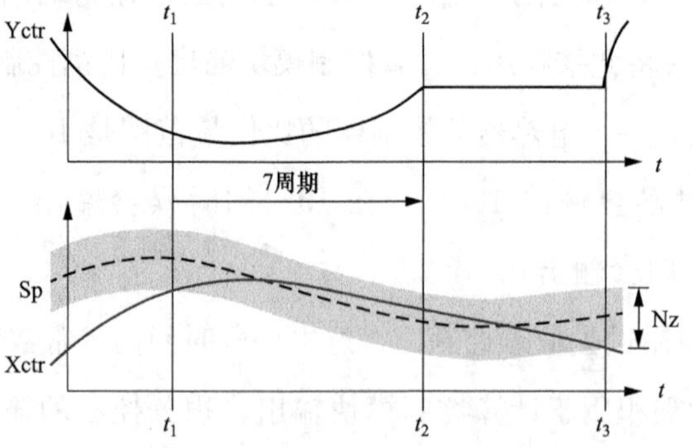
</td></tr>
<tr><td>比例系数</td><td colspan="3">Kp 必须＞0。设置 Kp，调节比例产生的增益作用大小，该值越大，比例产生的增益作用越大。若设为 0.1，则 PI 控制模块输出变化为 1/10 的偏差值；如果设为 100，则输出增益为 100 倍的偏差值</td></tr>
<tr><td>常数</td><td colspan="3">该值越大，则积分作用越小；反之，该值越小，则积分作用越大</td></tr>
</table>

输出要求

Pin	描述
PI 输出	PI 控制输出，为 0～100（含限值）的一个数值。PI 控制器将系统输出关闭视为 0，系统最大输出视为 100

输入值要求

Pin	数据类型	单位	默认值	取值范围
使能	数字量	N/A	N/A	真，假
正比例	数字量	N/A	N/A	真，假
输入值	模拟量	N/A	N/A	N/A
设定值	模拟量	N/A	N/A	N/A
死区设定	模拟量	N/A	N/A	N/A
比例系数	模拟量	N/A	10	N/A
常数	模拟量	秒	128	N/A

输出值要求

Pin	数据类型	单位	默认值	取值范围
PI 输出	模拟量	N/A	N/A	0～100

示例 31：夏天制冷过程（正比例控制）。当机组启停开关（DI）闭合且冬夏转换开关（DI）闭合时，PI 控制器将根据送风温度（AI）和温度设定值（变量）进行运算，运算结果驱动冷水阀输出（AO）。

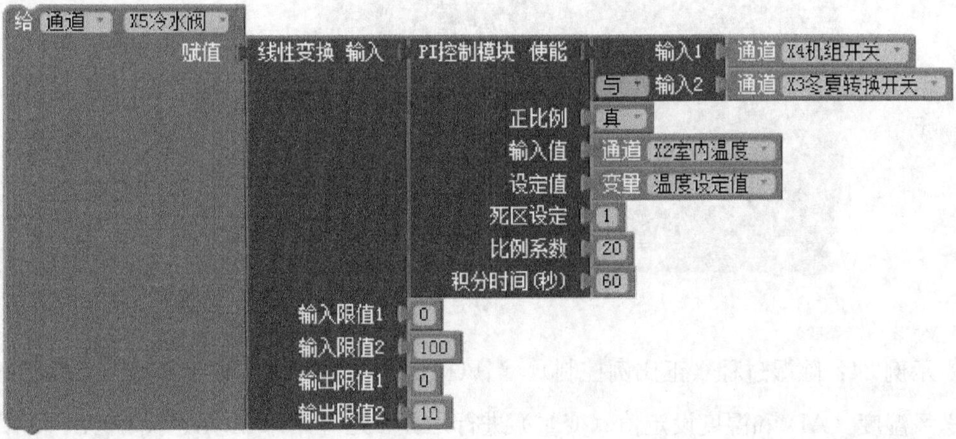

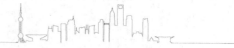

示例 32：冬天制热过程（反比例控制）。当机组启停开关（DI）闭合且冬夏转换开关（DI）断开时，PI 控制器将根据送风温度（AI）和温度设定值（变量）进行运算，运算结果驱动热水阀输出（AO）。

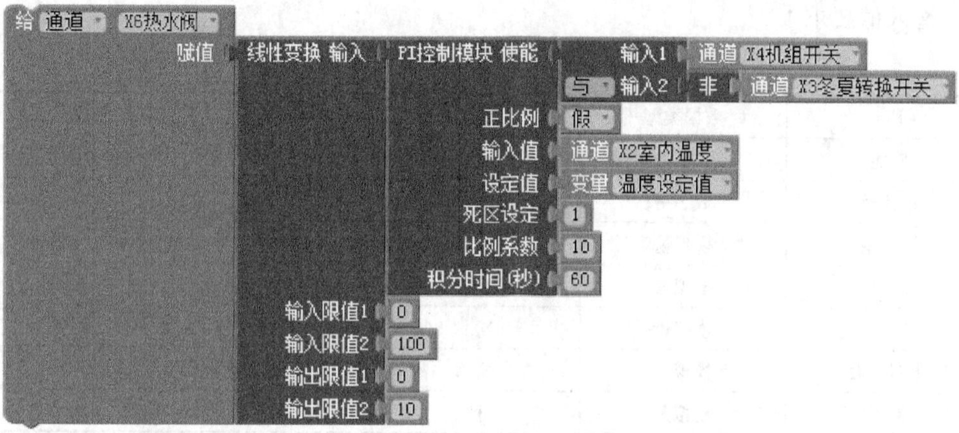

示例 33：加湿过程（反比例控制）。当风机运行状态（DI）闭合时，PI 控制器将根据送风湿度（AI）和 湿度设定值（变量）进行运算，运算结果驱动加湿阀输出（AO）。

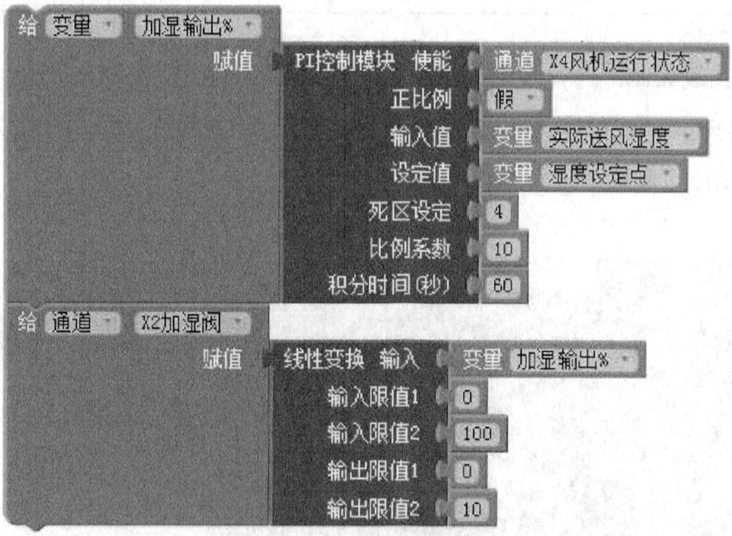

示例 34：除湿过程（正比例控制）。当风机运行状态（DI）闭合时，PI 控制器将根据送风湿度（AI）和湿度设定值（变量）进行运算，运算结果驱动冷水阀输出（AO）；如果除湿和制冷同时控制冷水阀输出，则一般使用最大优先策略。

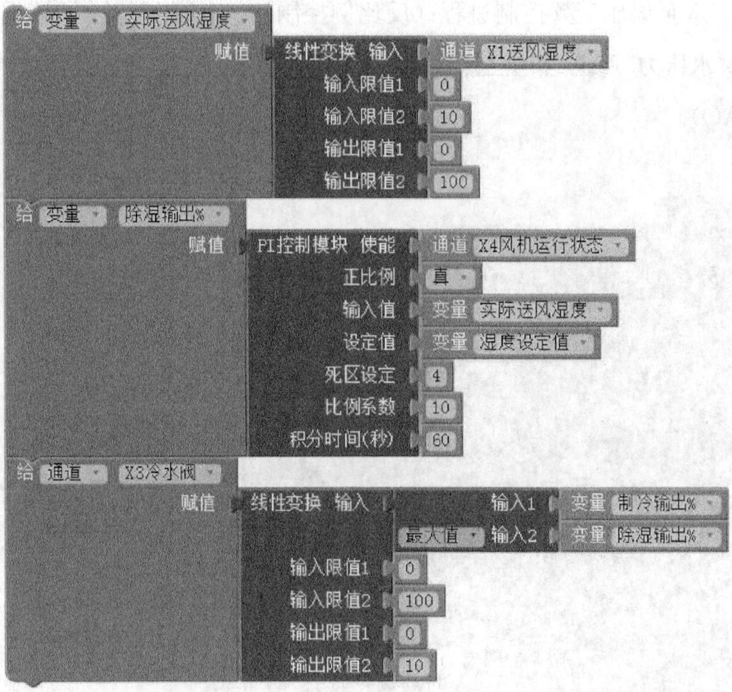

示例 35：风机压力变频控制过程（反比例控制）。当机组开关（DI）闭合时，PI 控制器将根据送风压力（AI）和送风压力设定值（变量）进行运算，运算结果驱动风机变频器输出（AO）。

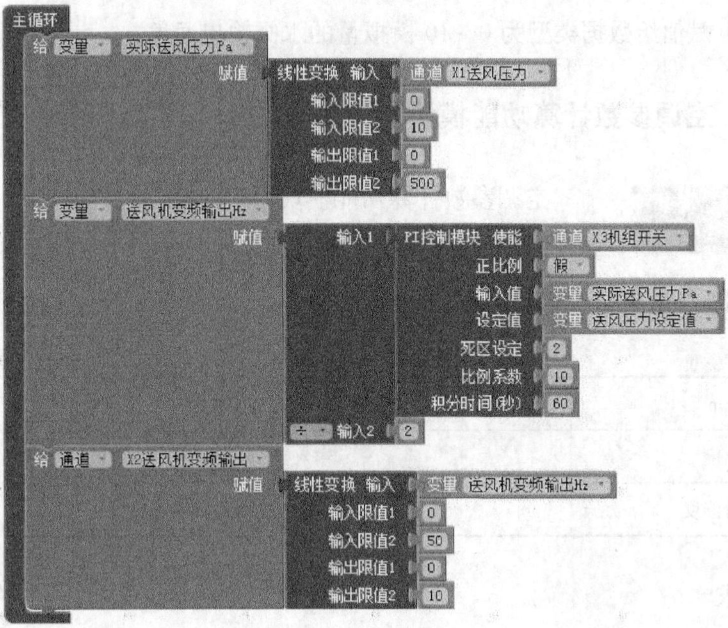

示例 36：水泵恒压变频控制过程（反比例控制）。当机组开关（DI）闭合时，PI 控制器将根据供水压力（AI）和供水压力设定值（变量）进行运算，运算结果驱动水泵变频器输出（AO）。

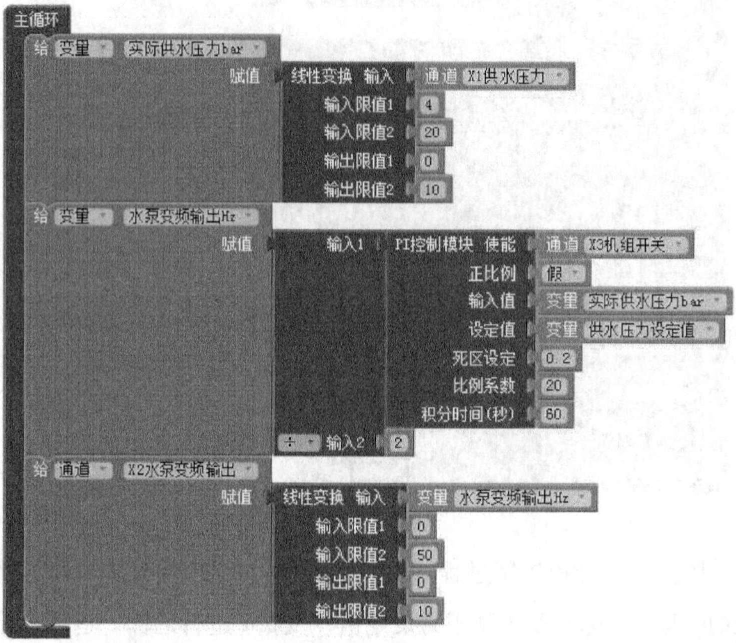

示例中的线性变换功能块作用是将 PI 模块中的 0～100 的输出线性转换成 0～10 的输出，从而可赋值给数据类型为 0～10 模拟量的水阀输出通道。

5.5.2　空调参数计算功能模块

空调参数计算功能模块用于计算湿空气的四项参数：焓值、露点温度、绝对湿度、湿球温度。

输入要求

Pin	描述
温度	输入空气的（干球）温度值
相对湿度	输入空气的相对湿度值

输出要求

Pin	描述
输出	计算得出的湿空气的参数值：焓值、露点、绝对湿度或湿球温度

输入值要求

Pin	数据类型	单位	默认值	取值范围
温度	模拟量	N/A	N/A	N/A
相对湿度	模拟量	N/A	N/A	N/A

输出值要求

Pin	数据类型	单位	默认值	取值范围
输出	模拟量	N/A	N/A	四个可选项：焓值、露点温度、绝对湿度、湿球温度

示例 37：免费制冷（Free Cooling）。在过渡季节，AHU 开机后，室外空气的焓值低于室内空气的焓值，说明不需要制冷就可直接引入，此时可以将新风阀全开，否则新风阀开 30％。

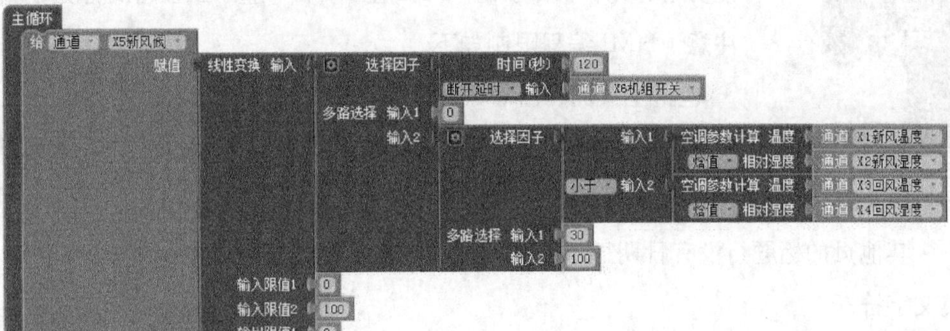

5.6　人 机 交 互 界 面

人机交互（HMI）显示功能模块分为 HMI 显示界面保护功能模块、HMI 显示主循环功能模块、HMI 一般页功能模块、HMI 子页功能模块、HMI 菜单行显示功能模块、HMI 枚举文本列表显示功能模块以及 HMI 普通文本显示功能模块。

5.6.1 人机界面 HMI 显示界面保护功能模块

除首页外，每个显示界面都有密码等级保护。用户可在 setting 页面输入相应等级密码获取相应等级的显示权限。若显示界面首页无密码等级保护，则用户可随时访问首页内容。

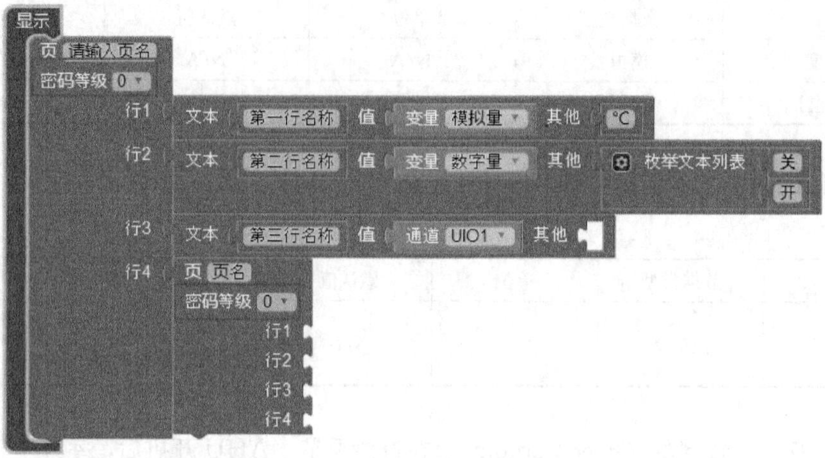

5.6.2 人机界面 HMI 显示主循环功能模块

该功能模块用于编写用户 HMI 显示界面，整个工程内仅能使用一次。注意，HMI 编程限制如下。

· 包括主页面和所有子页面总共最多有 20 个页面。

· 第一页的标题行有日期显示，除了日期显示部分外，还可以显示 7 个中文或至少 14 个英文字符。

·其他页的标题行没有日期显示，扩展页面的页名输入栏可以显示 12 个中文或 14 个英文字符。

示例 38：初建工程默认的显示。

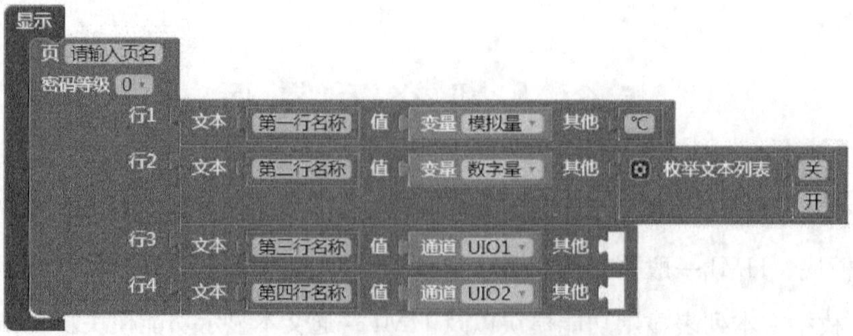

HMI 模拟界面的显示（首页）

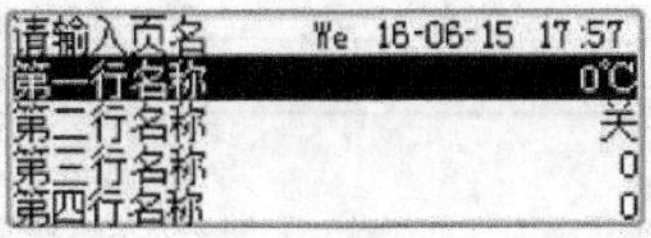

5.6.3　人机界面 HMI 一般页功能模块

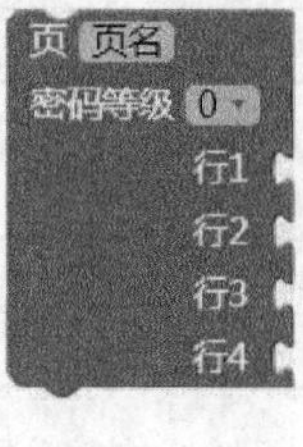

一般页面显示功能模块用于 HMI 的主页面，即 HMI 的首页面（第一级页面）及子页面的后续页面。该功能模块直接放在显示循环功能模块内。

输入要求

Pin	描述
行 1～行 4	用于编辑 HMI 页面每行显示的内容，或子页面的名称

输入值要求

Pin	数据类型	单位	默认值	取值范围
行 1～行 4	字符串	N/A	N/A	N/A

示例 39：初建工程默认的显示。

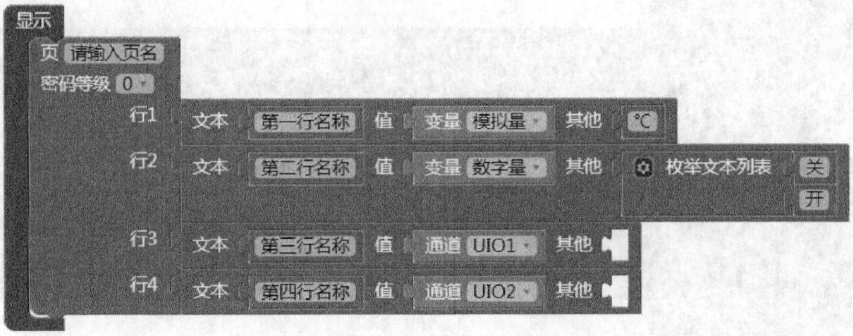

5.6.4　人机界面 HMI 子页功能模块

HMI 子页面显示功能模块用于编写除 HMI 的一般页面外的所有子页面，该功能模块可以放在一般页面或者某级子页面的行输入上。

输入要求

Pin	描述
行 1～行 4	用于编辑 HMI 页面每行显示的内容，或子页面的名称

输出要求

Pin	描述
输出	连接到上一级页面的某一行

输入值要求

Pin	数据类型	单位	默认值	取值范围
行 1～行 4	字符串	N/A	N/A	N/A

输出值要求

Pin	数据类型	单位	默认值	取值范围
输出	字符串	N/A	N/A	N/A

示例 40：一个 FAU 新风空调机组工程的 HMI 显示。

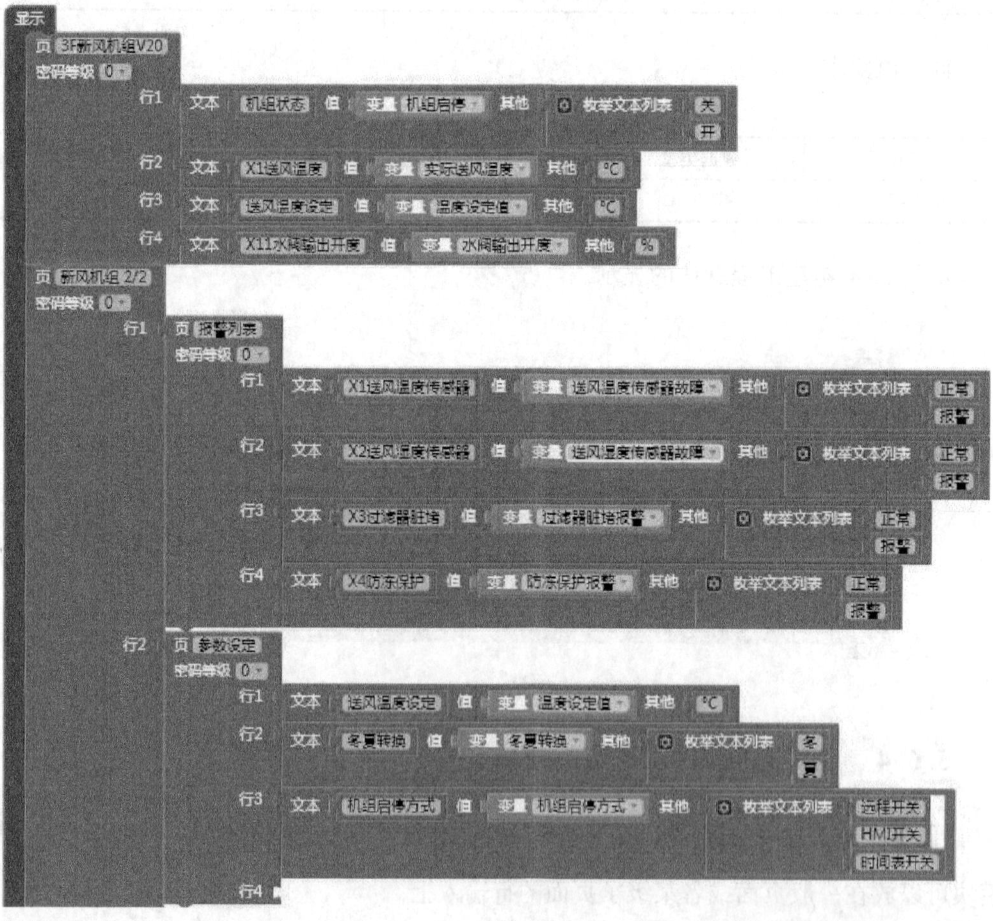

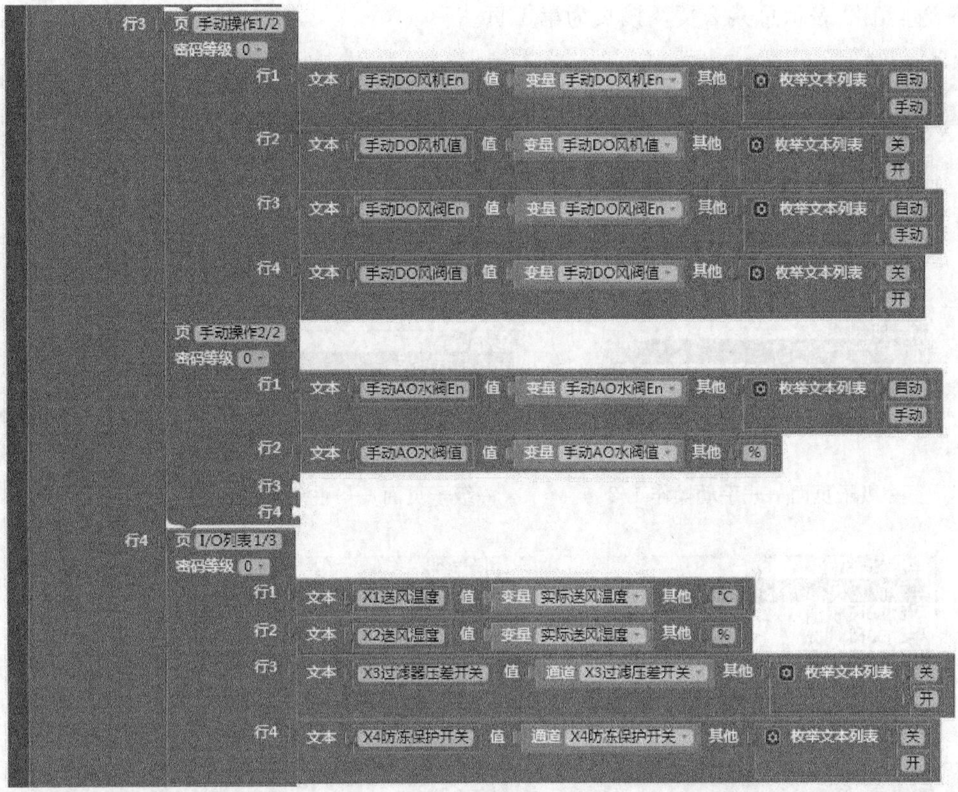

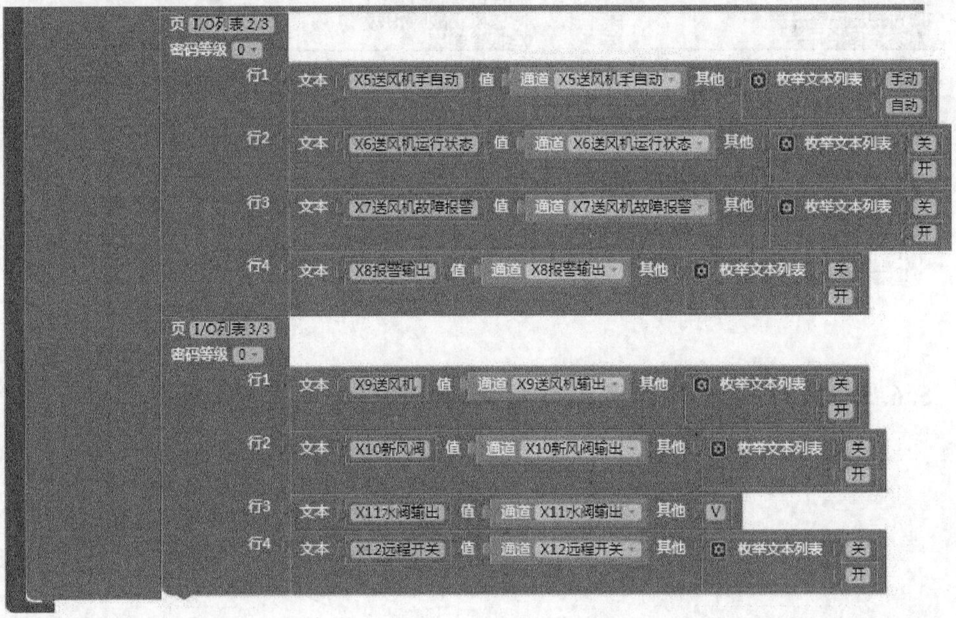

HMI 模拟页面显示。

主页第 1 页（首页）——新风机组 1/2，主页第 2 页——新风机组。

注：1/2 表示总共 2 页，该页为第 1 页。

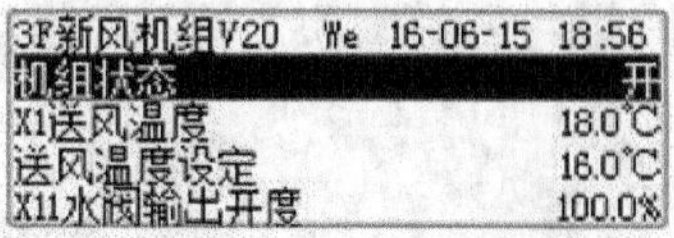

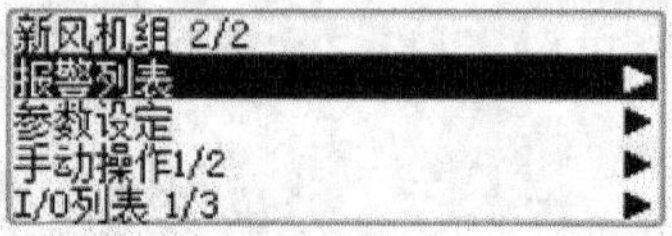

一级子页面——报警列表

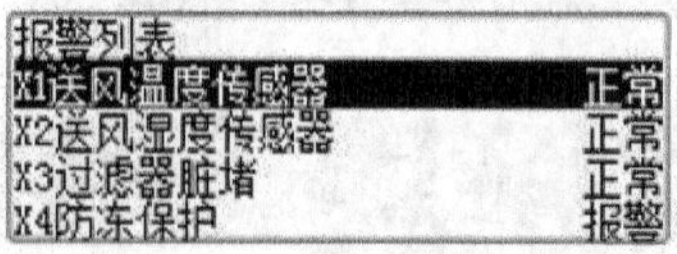

一级子页面——参数设定

一级子页面——手动操作 1/2

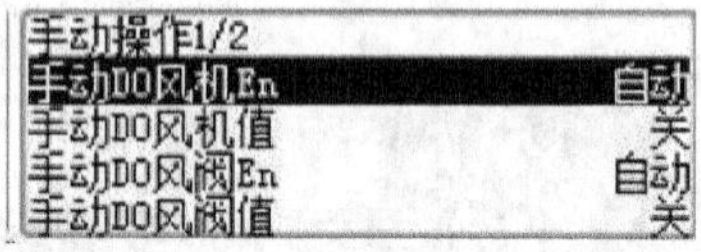

一级子页面——手动操作 2/2

一级子页面——I/O 列表 1/3

一级子页面——I/O 列表 2/3

一级子页面——I/O 列表 3/3

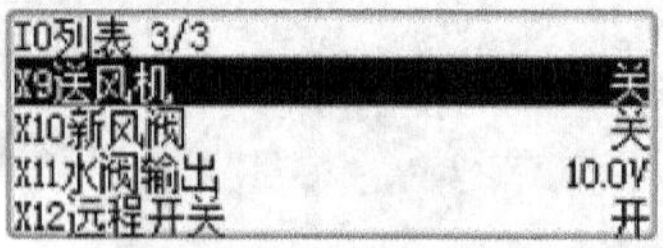

5.6.5　人机界面 HMI 菜单行显示功能模块

该功能模块用于编辑 HMI 页面中单行显示的名称、单行显示的值以及值的单位等内容。

输入要求

Pin	描述
文本	用于编辑页面单行显示名称，例如通道或变量名
值	用于编辑单行显示的值。支持通道值、通信数据和变量
其他	针对模拟量，文本可以是值对应的单位，也可以是枚举值对应的字符串。 针对数字量，文本可以是值对应的字符串

输出要求

Pin	描述
输出	输出所需 HMI 页面中每行的显示内容

输入值要求

Pin	数据类型	单位	默认值	取值范围
文本	字符串	N/A	N/A	N/A
值	布尔量/数值量	N/A	N/A	N/A
其他	字符串	N/A	N/A	N/A

输出值要求

Pin	数据类型	单位	默认值	取值范围
输出	字符串	N/A	N/A	N/A

示例 41：初建工程默认的显示。

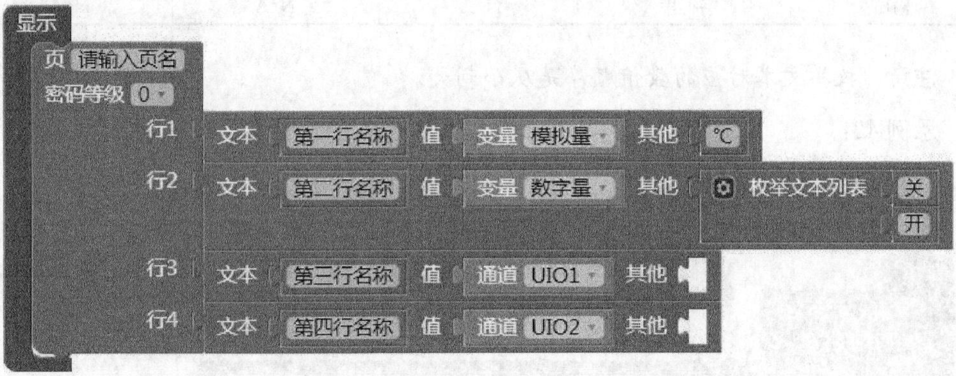

HMI 模拟页面的显示。

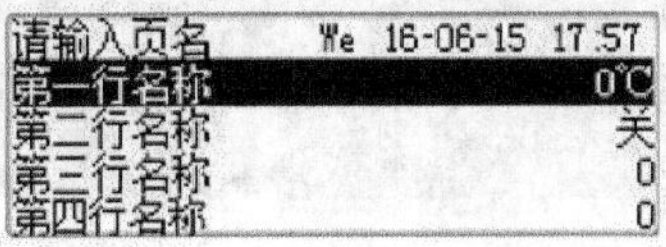

5.6.6　人机界面 HMI 枚举文本列表显示功能模块

HMI 枚举文本列表功能模块用于在编辑 HMI 页面每行的内容时，给枚举值指定相应的枚举文本。

输入要求

Pin	描述
输入	给枚举值指定相应的枚举文本，如使用“开”/“关”代替布尔值“真”/“假”

输出要求

Pin	描述
输出	输出枚举文本列表

输入值要求

Pin	数据类型	单位	默认值	取值范围
输入	字符串	N/A	N/A	N/A

输出值要求

Pin	数据类型	单位	默认值	取值范围
输出	字符串	N/A	N/A	N/A

注意：枚举文本对应的数值顺序是从小到大。

示例 42：

(1) 初建工程默认的显示。

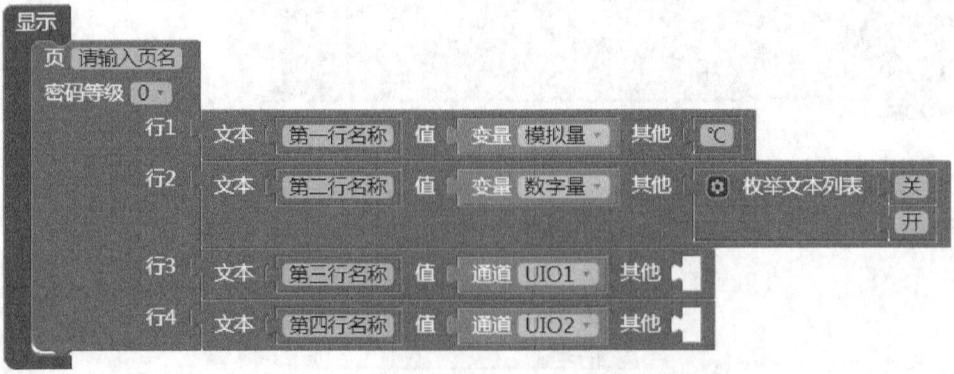

HMI 模拟页面的显示。

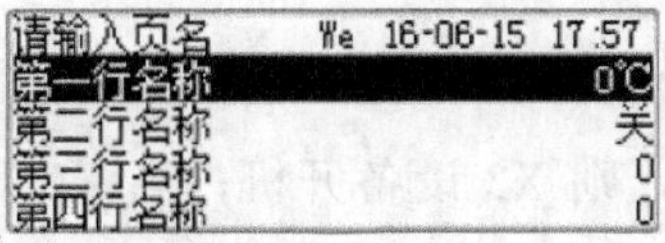

(2) 一个空调机组启停方式的几种选择：远程开关、HMI 开关、时间表开关、BMS 开关。

5.6.7　人机界面 HMI 普通文本显示功能模块

该功能模块用于在编写 HMI 页面每行的内容时，指定相应的文本。

输出要求

Pin	描述
输出	输出 HMI 页面中每行的显示内容

输出值要求

Pin	数据类型	单位	默认值	取值范围
输出	字符串	N/A	N/A	N/A

示例 43：在 HMI 页面的某一行显示“实际送风温度 xx. x℃”。

习　　题

1. 简述各功能模块的作用，并通过编程平台编辑一个简单的程序。

2. 编写当机组开关闭合，则水泵开启，当机组开关断开或温度大于 25℃时，则水泵停机的程序。

3. 编写每 10s 开启循环水泵 5s 的控制逻辑的程序。

4. 编写当 X1 开关闭合，则 X2 设备开机；当 X1 开关断开，则 X2 设备停机的程序。

5. 编写当机组开关闭合，AHU 机组将根据当前室内温度和温度设置值进行 PID 回路运算驱动水阀输出的程序。

6. 编写一个回风温度传感器的实际回风温度，信号类型为 0～10V 对应 0～50℃的程序。

7. 编写一个新风温度传感器的实际新风温度，信号类型为 4～20mA，对应－40～70℃的程序。

8. 编写一个夏天制冷过程。当机组开关闭合且冬夏转换开关闭合，使用 PI 控制模块根据室内温度和温度设定值进行运算，驱动冷水阀（AO）输出的。

9. 编写一个送风温度传感器发生故障时产生报警，点亮报警灯的程序。

10. 编写一个 RWG 控制器做主站，另一个 RWG 控制器做从站，从站的 X3 通道接入 0～10V 的水温传感器，原始数值传回主站进行处理的程序。

11. 编写一个系统时钟在某设定年份之前，判定系统日期有效的程序。

12. 编写一个主站 RWG 控制器逻辑判断 RS485 从站掉线的程序，并使用 RWG 实验箱模拟。

13. 编写一个 Y1 取 a 和 b 之间的最大值，Y2 取 c 和 d 之间的最小值的程序。

14. 编写一个 Y 取值限于 b 和 a 之间（$a>b$）；若 $x<b$ 则 $Y=b$；若 $X>a$ 则 $Y=a$；若 $b\leqslant x\leqslant a$ 则 $Y=x$ 的程序。

15. 编写一个当冬夏转换开关闭合，即为夏季，水阀根据制冷 PI 回路进行输出；当冬夏转换开关断开，即为冬季，水阀根据制热 PI 回路进行输出的程序。

16. 当 Modbus 从站设备寄存器仅能写入 Word 值时，编写一个将主站温度设定值取整，然后发给从站通信的程序。

17. 或、与、非的定义是什么?

18. 编写一个当机组开关闭合，风阀开启，延时 90s 后风机开机的程序。

19. 编写一个使用 PI 控制夏季制热的程序。

20. 什么是免费制冷?

21. 设计一个 FAU 新风空调机组工程的 HMI 显示。

22. 编写每 3s 让 LED 闪烁一下的程序。

23. 编写一个数值计算：Out＝a×x＋b×（y^2）－c/z 的程序。

24. 编写一个声控开关的程序，当声控开关闭合时，灯开启，延时 10s 后关闭。

25. 什么是 PI 控制？

26. 什么是正比例控制、反比例控制？

27. 编写一个水泵恒压变频控制过程的程序。

第6章　应用案例及实现

6.1　新风机组控制及实现

该应用是控制一个两管制的新风机组，有冬季制热、夏季制冷两种工作模式，通过冬夏转换开关进行切换，水阀输出根据送风温度及其设定值的回路运算来控制。故障保护有过滤器压差开关和防冻保护开关，如图 6-1 所示。

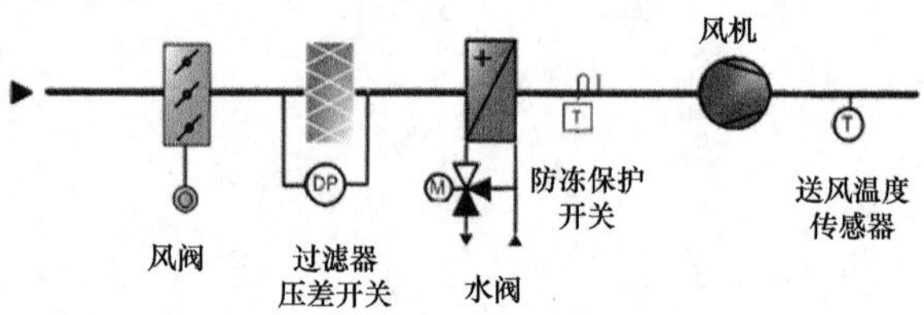

图 6-1　新风机组故障保护示意图

6.1.1　I/O 端口配置

I/O 端口配置见表 6-1。

表 6-1　　　　**I/O 端口配置**

名称	信号类型	信号量程	FID 现场设备	RWG 接线端
送风温度	AI：NI1000	－50～150℃	QAM2120	RWG1-X1
风机压差开关	DI	常开	QBM81	RWG1-X2
过滤压差开关	DI	常开	QBM81	RWG1-X3
防冻保护开关	DI	常开	QAF81.3	RWG1-X4
送风机手自动	DI	常开		RWG1-X5
送风机运行状态	DI	常开		RWG1-X6
送风机故障报警	DI	常开		RWG1-X7
机组开关	DI	常开		RWG1-X8
水阀输出	AO：0～10V	0～100%	SKD60＋VVI47.25	RWG1-X9
新风阀输出	DO	常开	GLB131.1E	RWG1-X10
送风机启停	DO	常开		RWG1-X11
故障报警输出	DO	常开		RWG1-X12

6.1.2　基本应用逻辑

• 新风阀。

启动条件：当机组开关闭合（同时不存在停机条件时）。

停止条件：当机组开关断开并风机关闭后 15s。

• 送风机。

启动条件：当风阀闭合 30s 后（同时不存在停机条件时）。

停止条件：当机组开关断开后。

• 水阀。

风机启动后，根据送风温度，温度设定值进行 PID 回路运算驱动水阀输出，其中当冬夏转换开关为冬季时，PID 回路为反比例输出，夏季时为正比例输出；另外，当防冻报警发生时，立即停掉风机，并把水阀输出开到最大，直到该报警消失。

• 手动操作。

所有输出均需要有手动操作调试功能。

6.1.3　参数列表

参数列表见表 6-2。

表 6-2　　参数列表

Sp#	具体说明	类型	默认值	最小值	最大值	掉电保存
001	送风温度设定	模拟	23℃	0℃	100℃	√
002	冬夏转换	数字	1（夏）	0（冬）	1（夏）	√

6.1.4　报警列表

报警列表见表 6-3。

表 6-3　　报警列表

Alarm #	报警说明	报警来源及逻辑描述	复位	相应动作	严重故障报警
001	送风温度探头故障	传感器：通道故障码不为 0 则报警	自动	机组停机	√
002	防冻保护报警	DI：防冻保护开关闭合	自动	风机停机，热水阀开到最大	√
003	过滤器脏堵报警	DI：当送风机开机 30s 后检测，过滤器压差开关仍闭合	自动	仅提示	×
004	送风机故障	DI：送风机故障闭合	自动	机组停机	√
005	风机缺风故障	DI：当送风机开机 30s 后检测，风机压差开关仍闭合	手动	机组停机	√
006					

表 6-3 中任一报警发生则 RWG 控制器红灯闪烁，闭合报警器输出 DO，可以在

HMI 上的报警列表页面中查询。

6.1.5　RWG 控制器编程

通道初始化如图 6-2 所示。

逻辑编程　通道初始化　变量定义　通信编程　保存当前项目　调

通道	名称	输入输出类型	描述
X1	X1送风温度	输入 NI1000	测量范围-50～150，单位℃
X2	X2风机压差开关	输入 DI	无源开关量输入，“0”断开，“1”闭合
X3	X3过滤压差开关	输入 DI	无源开关量输入，“0”断开，“1”闭合
X4	X4防冻保护开关	输入 DI	无源开关量输入，“0”断开，“1”闭合
X5	X5送风机手自动	输入 DI	无源开关量输入，“0”断开，“1”闭合
X6	X6送风机运行状态	输入 DI	无源开关量输入，“0”断开，“1”闭合
X7	X7送风机故障报警	输入 DI	无源开关量输入，“0”断开，“1”闭合
X8	X8机组开关	输入 DI	无源开关量输入，“0”断开，“1”闭合
X9	X9水阀输出	输出 0~10V	模拟0～10V输出
X10	X10新风阀输出	输出 DO	开关量输出，内部电子开关，接外部中间继电器
X11	X11送风机启停	输出 DO	开关量输出，内部电子开关，接外部中间继电器
X12	X12报警输出	输出 DO	开关量输出，内部电子开关，接外部中间继电器

图 6-2　RWG 通道初始化

变量定义如图 6-3 所示。

逻辑编程　通道初始化　变量定义　通信编程

变量名	类型	默认值	最小值	最大值	掉电保存	密码等级	增加行
温度设定值	模拟	23	0	100	☑	0	删除
过滤器脏堵报警	数字	0	0	1	☐	0	删除
机组启停	数字	0	0	1	☐	0	删除
冬夏转换	数字	1	0	1	☑	0	删除
水阀开度%	模拟	0	0	100	☐	0	删除
送风温度传感器故障	数字	0	0	1	☐	0	删除
总故障报警	数字	0	0	1	☐	0	删除
手动DO风机En	数字	0	0	1	☐	0	删除
手动DO风机值	数字	0	0	1	☐	0	删除
手动DO风阀En	数字	0	0	1	☐	0	删除
手动DO风阀值	数字	0	0	1	☐	0	删除
手动AO水阀En	数字	0	0	1	☐	0	删除
手动AO水阀值	模拟	0	0	100	☐	0	删除
防冻保护报警	数字	0	0	1	☐	0	删除
报警复位脉冲	数字	0	0	1	☐	0	删除
风机缺风故障	数字	0	0	1	☐	0	删除
严重故障报警	数字	0	0	1	☐	0	删除

图 6-3　变量定义

逻辑图绘制如图 6-4 和图 6-5 所示。

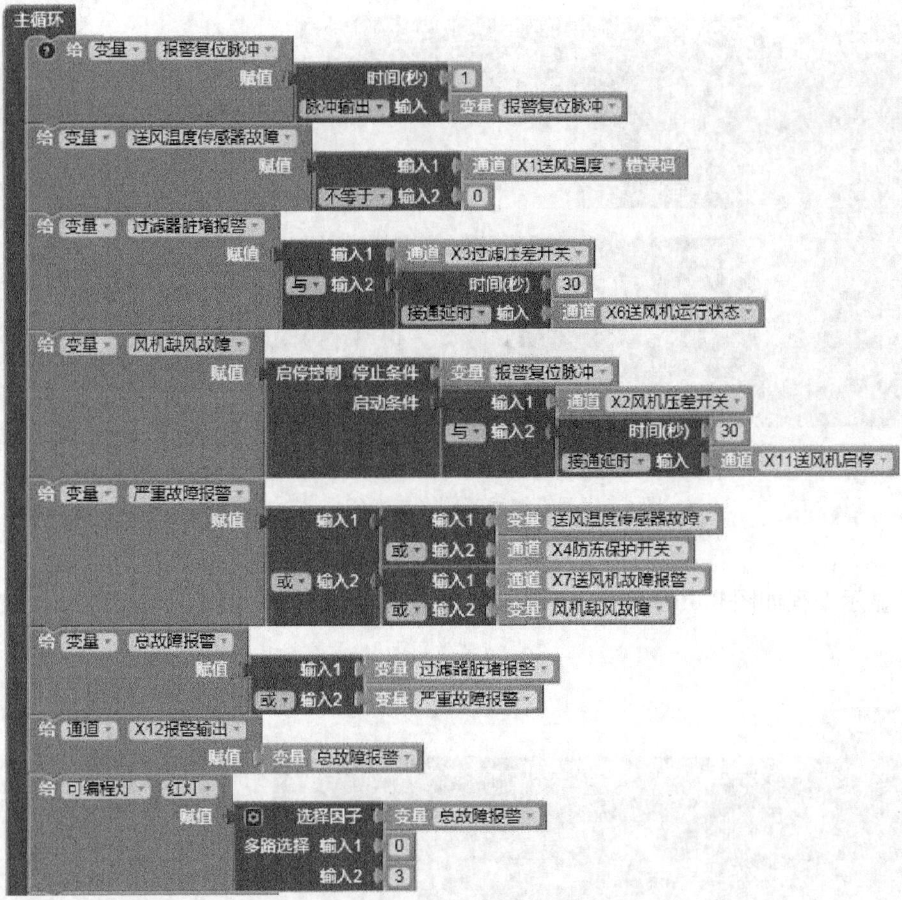

图 6-4　逻辑编程实例（一）

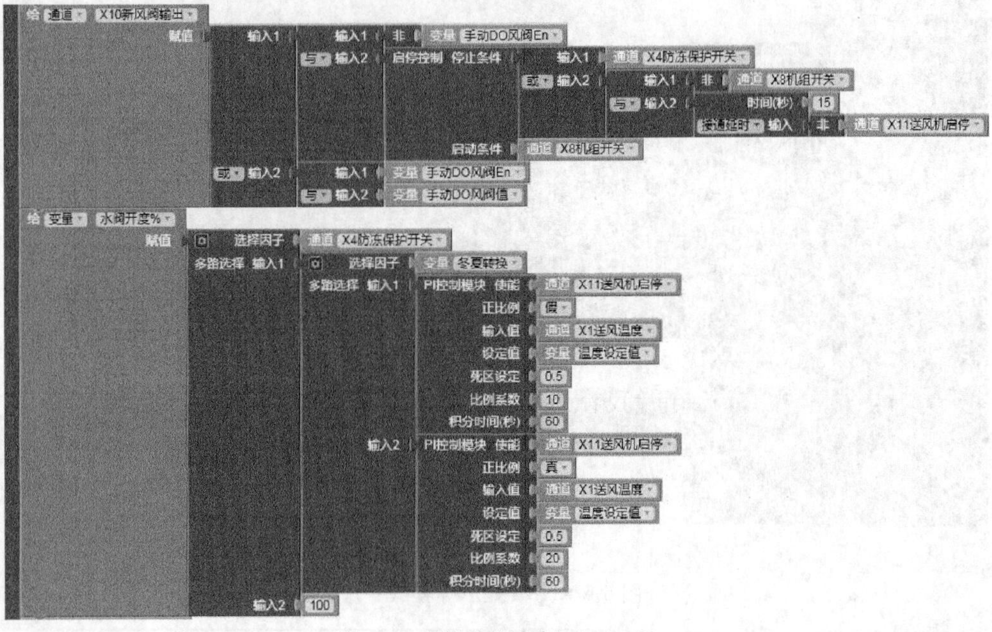

图 6-5　逻辑编程实例（二）(1)

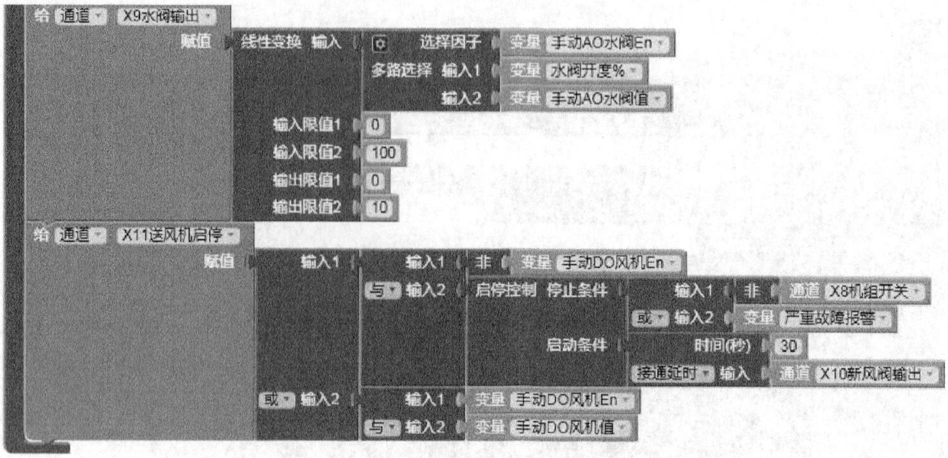

图 6-5 逻辑编程实例（二）(2)

HMI 显示编程如图 6-6 所示。

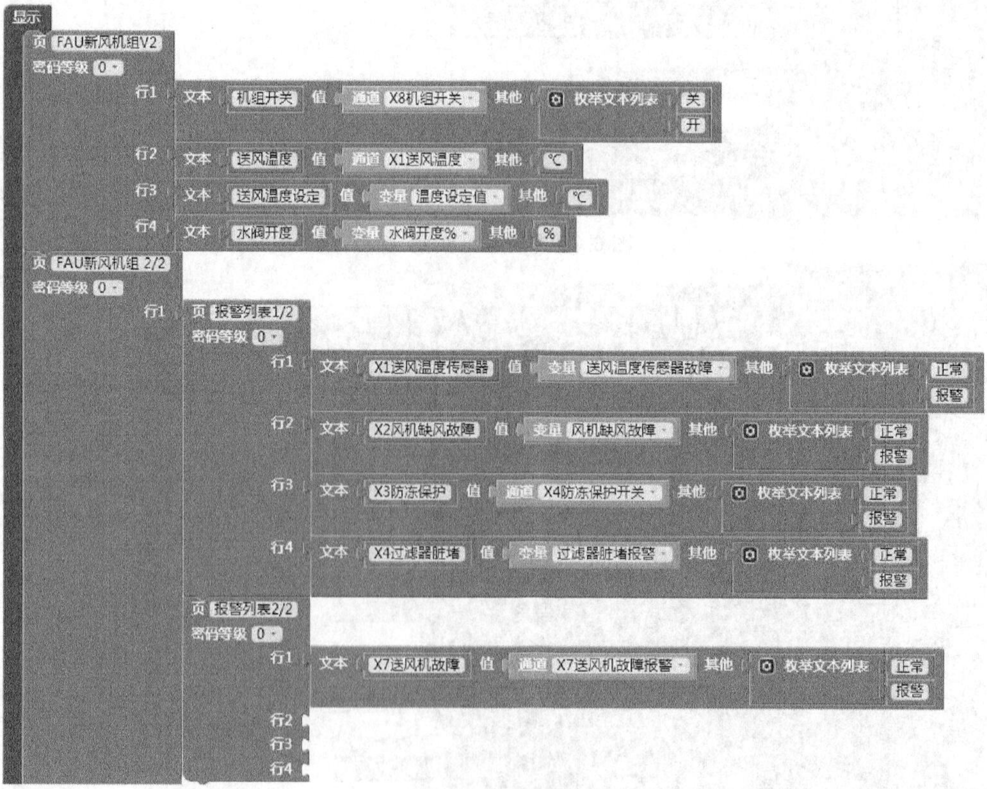

图 6-6 HMI 显示编程（一）

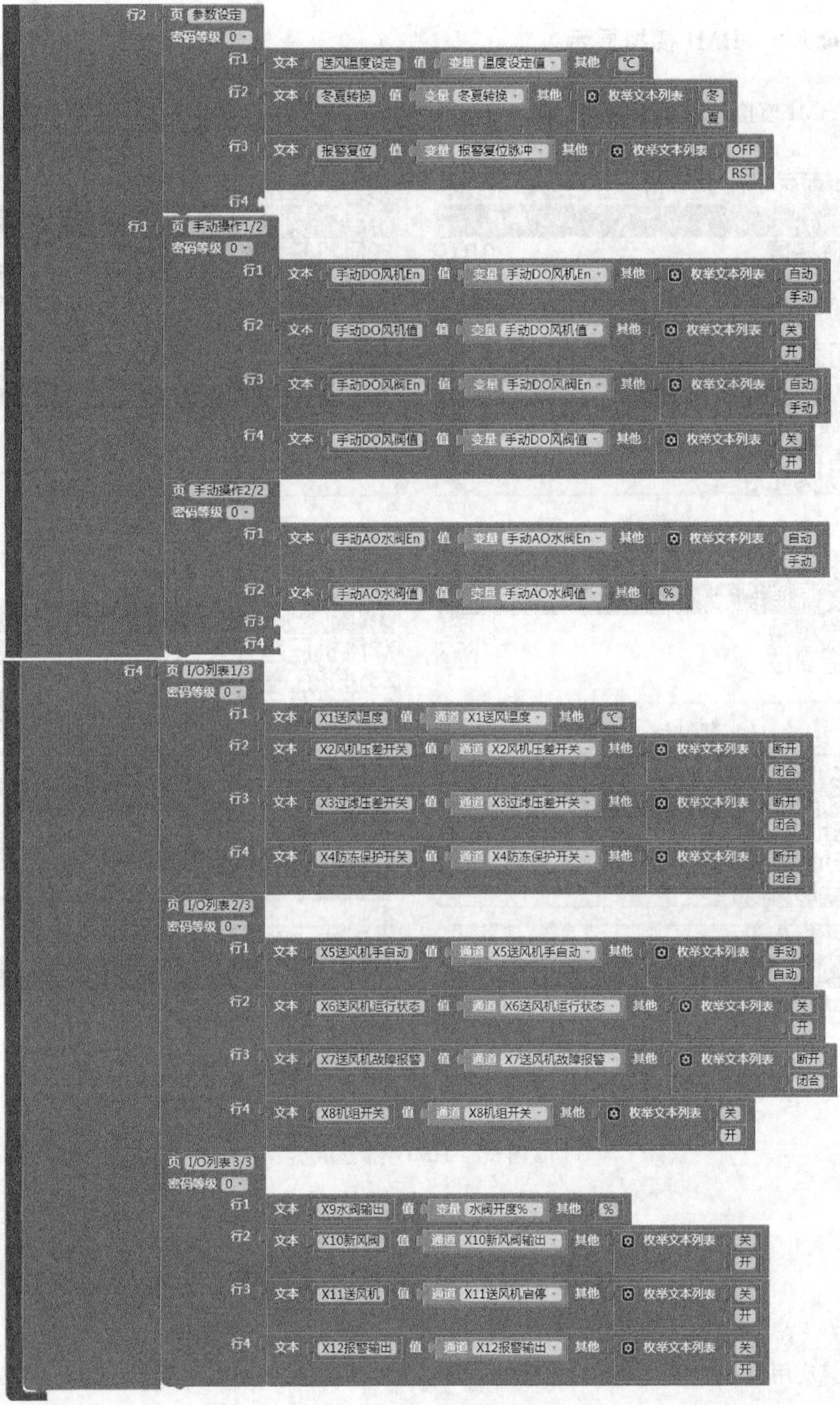

图 6-6　HMI 显示编程（二）

6.1.6　HMI 模拟显示

HMI 模拟显示如图 6-7 所示。

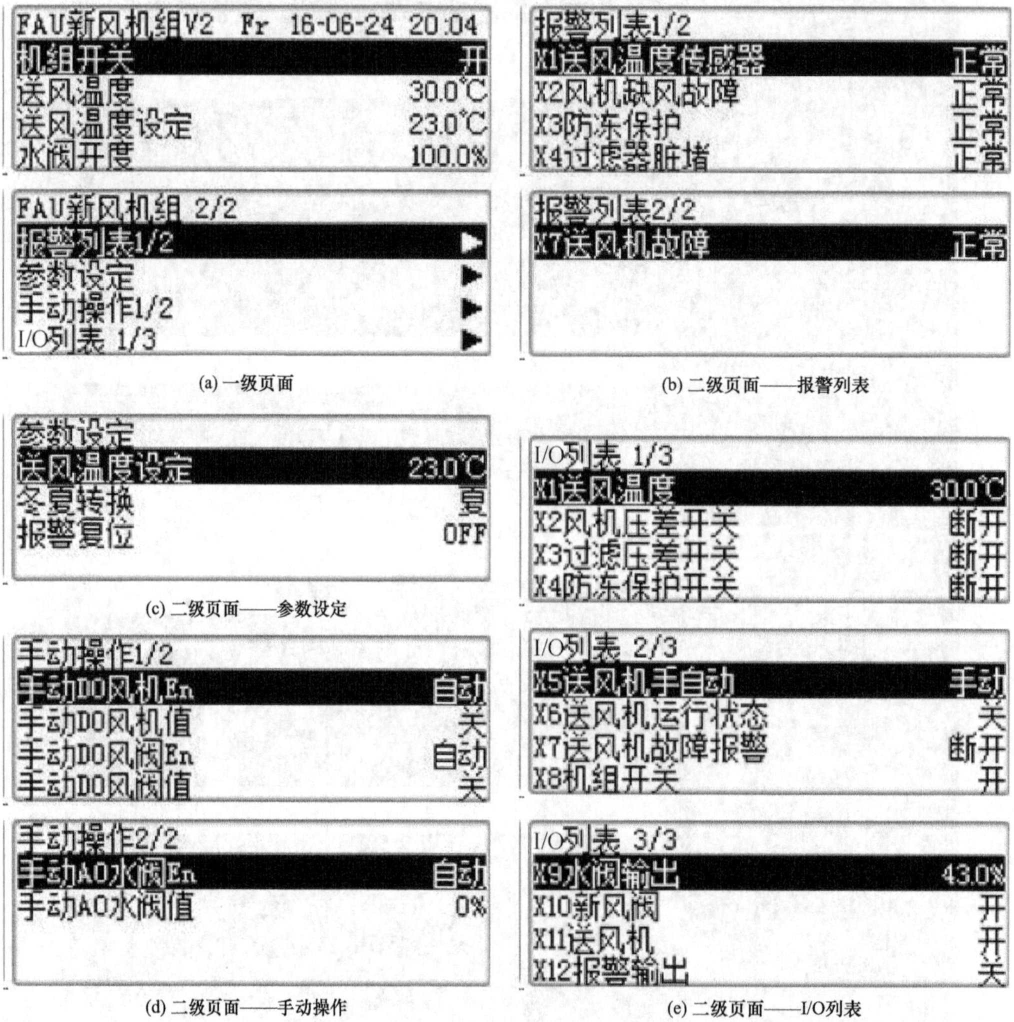

(a) 一级页面　(b) 二级页面——报警列表　(c) 二级页面——参数设定　(d) 二级页面——手动操作　(e) 二级页面——I/O列表

图 6-7　HMI 模拟显示

6.2　换热机组控制及实现

该应用是一个简单换热机组控制案例，二次侧监视供回水温度及压力，并控制一次侧蒸汽阀门、循环泵和补水泵，如图 6-8 所示。

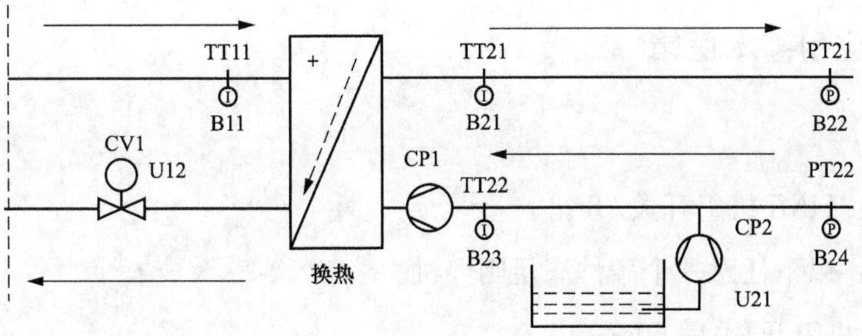

图例	名称	图例	名称
CV1	一次蒸汽阀门输出	CP1	二次循环泵
TT21	二次供水温度	CP2	二次补水泵
TT22	二次回水温度	PT21	二次供水压力
—	—	PT22	二次回水压力

图 6-8　换热机组控制案例

6.2.1　I/O 端口配置

端口配置见表 6-4。

表 6-4　　端 口 配 置 表

图例	名称	信号类型	信号量程	FID 现场设备	RWG 接线端
TT21	二次供水温度	AI：NI1000	−50～150℃	QAE2120	RWG1-X1
PT21	二次供水压力	AI：0～10V	0～10bar	QBE2003-P10	RWG1-X2
TT22	二次回水温度	AI：NI1000	−50～50℃	QAE2120	RWG1-X3
PT22	二次回水压力	AI：0～10V	0～10bar	QBE2003-P10	RWG1-X4
—	循环泵运行状态	DI	常开	—	RWG1-X5
—	循环泵故障	DI	常开	—	RWG1-X6
—	补水泵运行状态	DI	常开	—	RWG1-X7
—	补水泵故障	DI	常开	—	RWG1-X8
CV1	一次蒸汽阀输出	AO：0～10V	0～100％	SKC62＋VVF429	RWG1-X9
CP1	循环泵启停控制	DO	常开	—	RWG1-X10
CP2	补水泵启停控制	DO	常开	—	RWG1-X11
—	故障报警输出	DO	常开	—	RWG1-X12

6.2.2　应用基本逻辑

• 循环泵。

启动条件：HMI 机组开关/开。

停机条件：以下任意一个条件满足则停机。

（1）HMI 机组开/关后 60s；

（2）机组发生严重故障报警；

（3）二次供水压力高（如超过 6Bar）；

（4）二次回水压力低（如低于 0.5Bar）。

• 补水泵。

启动条件：开机后，二次回水压力低（如低于 2.5bar）。

停机条件：

（1）HMI 机组开/关后（关机）；

（2）补水泵发生故障报警；

（3）开机后，二次回水压力高（如超过 2.8bar）。

• 一次蒸汽阀门。

根据二次供水温度及其设定值进行 PID 回路运算来控制一次蒸汽阀门。

• 所有输出均需要有手动操作调试功能。

6.2.3　参数列表

参数列表见表 6-5。

表 6-5　　参 数 列 表

Sp#	具体说明	类型	默认值	最小值	最大值	掉电保存
001	二次供水温度设定	模拟	50℃	0℃	100℃	√
002	循环泵停机供水压力设定	模拟	6bar	0bar	20bar	√
003	循环泵停机回水压力设定	模拟	0.5bar	0bar	20bar	√
004	补水泵启动回水压力设定	模拟	2.5bar	0bar	20bar	√
005	补水泵停机回水压力设定	模拟	2.8bar	0bar	20bar	√
006	回路控制 Kp	模拟	10	0	100	√
007	回路控制 Ti	模拟	60	0	3000	√
008	HMI 机组开关	数字	0（关）	0（关）	1（开）	×

6.2.4　报警列表

报警列表见表 6-6。

表 6-6　　报　警　列　表

Alarm #	报警说明	报警来源及逻辑描述	复位	相应动作	严重故障报警
001	二次供水温度探头故障	传感器：通道故障码不为 0 则报警	自动	机组停机	√
002	二次供水压力探头故障	传感器：通道故障码不为 0 则报警	自动	机组停机	√
003	二次回水温度探头故障	传感器：通道故障码不为 0 则报警	自动	机组停机	√
004	二次回水压力探头故障	传感器：通道故障码不为 0 则报警	自动	机组停机	√
005	循环泵故障报警	DI：循环泵故障，闭合	自动	机组停机	√
006	补水泵故障报警	DI：补水泵故障，闭合	自动	停补水泵	×
007	二次供水压力高报警	AI：二次供水压力超过报警设定值	自动	机组停机	√
008	二次回水压力低报警	AI：二次回水压力低于报警设定值	自动	机组停机	√

表 6-6 中任一报警发生则 RWG 控制器红灯闪烁，闭合报警器输出 DO，可以在 HMI 上的报警列表页面中查询。

6.2.5　RWG 控制器编程

通道初始化如图 6-9 所示。

变量定义如图 6-10 所示。

逻辑图绘制如图 6-11 所示。

HMI 显示编程如图 6-12 所示。

6.2.6　HMI 模拟显示

HMI 模拟显示如图 6-13 所示。

逻辑编程　通道初始化　变量定义　通信编程　保存当前项目　调

通道	名称	输入输出类型	描述
X1	X1二次供水温度	输入 NI1000	测量范围-50 ~ 150，单位℃
X2	X2二次供水压力	输入 0~10V	模拟0 ~ 10V输入，单位V
X3	X3二次回水温度	输入 NI1000	测量范围-50 ~ 150，单位℃
X4	X4二次回水压力	输入 0~10V	模拟0 ~ 10V输入，单位V
X5	X5一次蒸汽阀输出	输出 0~10V	模拟0 ~ 10V输出
X6	X6循环泵运行状态	输入 DI	无源开关量输入，“0”断开，“1”闭合
X7	X7循环泵故障	输入 DI	无源开关量输入，“0”断开，“1”闭合
X8	X8补水泵运行状态	输入 DI	无源开关量输入，“0”断开，“1”闭合
X9	X9补水泵故障	输入 DI	无源开关量输入，“0”断开，“1”闭合
X10	X10循环泵启停控制	输出 DO	开关量输出，内部电子开关，接外部中间继电器
X11	X11补水泵启停控制	输出 DO	开关量输出，内部电子开关，接外部中间继电器
X12	X12报警输出	输出 DO	开关量输出，内部电子开关，接外部中间继电器

图 6-9　通道初始化

逻辑编程　通道初始化　变量定义　通信编程

变量名	类型	默认值	最小值	最大值	掉电保存	密码等级	增加行
二次供水温度设定	模拟	50	0	100	☑	0	删除
HMI机组开关	数字	0	0	1	☐	0	删除
循环泵停机供水压力设定	模拟	6	0	20	☑	0	删除
循环泵停机回水压力设定	模拟	0.5	0	20	☑	0	删除
补水泵启动回水压力设定	模拟	2.5	0	20	☑	0	删除
补水泵停机回水压力设定	模拟	2.8	0	20	☑	0	删除
二次供水压力高故障	数字	0	0	1	☐	0	删除
二次回水压力低故障	数字	0	0	1	☐	0	删除
实际二次供水压力	模拟	0	0	100	☐	0	删除
实际二次回水压力	模拟	0	0	100	☐	0	删除
总故障报警	数字	0	0	1	☐	0	删除
二次供水温度传感器故障	数字	0	0	1	☐	0	删除
二次回水温度传感器故障	数字	0	0	1	☐	0	删除
二次供水压力传感器故障	数字	0	0	1	☐	0	删除
二次回水压力传感器故障	数字	0	0	1	☐	0	删除
蒸汽阀开度%	模拟	0	0	100	☐	0	删除
手动DO循环泵En	数字	0	0	1	☐	0	删除
手动DO循环泵值	数字	0	0	1	☐	0	删除
手动DO补水泵En	数字	0	0	1	☐	0	删除
手动DO补水泵值	数字	0	0	1	☐	0	删除
手动DO报警输出En	数字	0	0	1	☐	0	删除
手动DO报警输出值	数字	0	0	1	☐	0	删除
手动AO蒸汽阀En	数字	0	0	1	☐	0	删除
手动AO蒸汽阀值	模拟	0	0	100	☐	0	删除
严重故障报警	数字	0	0	1	☐	0	删除
供热Kp	模拟	10	0	100	☑	0	删除
供热Ti	模拟	60	0	3000	☑	0	删除

图 6-10　变量定义

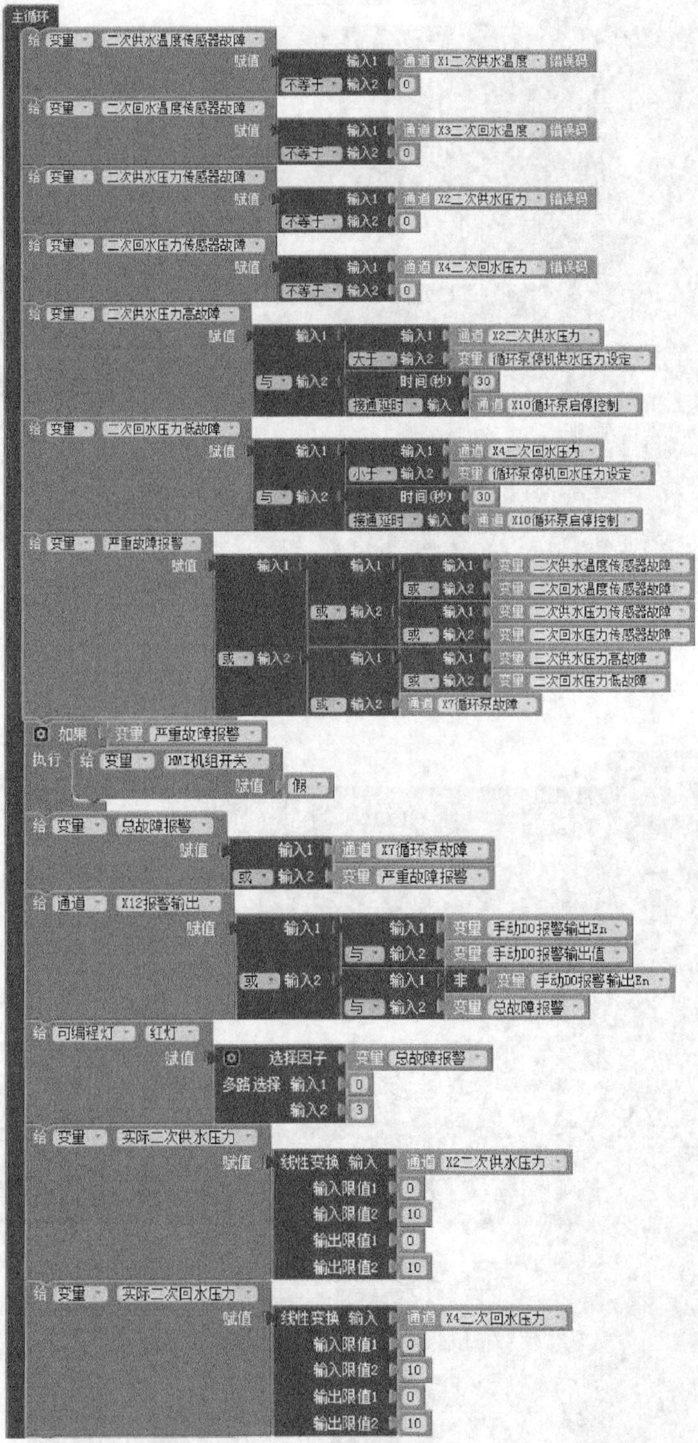
主循环
给 变量 二次供水温度传感器故障
赋值 输入1 通道 X1二次供水温度 错误码
不等于 输入2 0
给 变量 二次回水温度传感器故障
赋值 输入1 通道 X3二次回水温度 错误码
不等于 输入2 0
给 变量 二次供水压力传感器故障
赋值 输入1 通道 X2二次供水压力 错误码
不等于 输入2 0
给 变量 二次回水压力传感器故障
赋值 输入1 通道 X4二次回水压力 错误码
不等于 输入2 0
给 变量 二次供水压力高故障
赋值 输入1 输入1 通道 X2二次供水压力
大于 输入2 变量 循环泵停机供水压力设定
与 输入2 时间(秒) 30
接通延时 输入 通道 X10循环泵启停控制
给 变量 二次回水压力低故障
赋值 输入1 输入1 通道 X4二次回水压力
小于 输入2 变量 循环泵停机回水压力设定
与 输入2 时间(秒) 30
接通延时 输入 通道 X10循环泵启停控制
给 变量 严重故障报警
赋值 输入1 输入1 输入1 变量 二次供水温度传感器故障
或 输入2 变量 二次回水温度传感器故障
或 输入2 输入1 变量 二次供水压力传感器故障
或 输入2 变量 二次回水压力传感器故障
或 输入2 输入1 输入1 变量 二次供水压力高故障
或 输入2 变量 二次回水压力低故障
或 输入2 通道 X7循环泵故障
如果 变量 严重故障报警
执行 给 变量 HMI机组开关
赋值 假
给 变量 总故障报警
赋值 输入1 通道 X7循环泵故障
或 输入2 变量 严重故障报警
给 通道 X12报警输出
赋值 输入1 输入1 变量 手动DO报警输出En
与 输入2 变量 手动DO报警输出值
或 输入2 输入1 非 变量 手动DO报警输出En
与 输入2 变量 总故障报警
给 可编程灯 红灯
赋值 选择因子 变量 总故障报警
多路选择 输入1 0
输入2 3
给 变量 实际二次供水压力
赋值 线性变换 输入 通道 X2二次供水压力
输入限值1 0
输入限值2 10
输出限值1 0
输出限值2 10
给 变量 实际二次回水压力
赋值 线性变换 输入 通道 X4二次回水压力
输入限值1 0
输入限值2 10
输出限值1 0
输出限值2 10

图 6-11　逻辑图绘制（一）

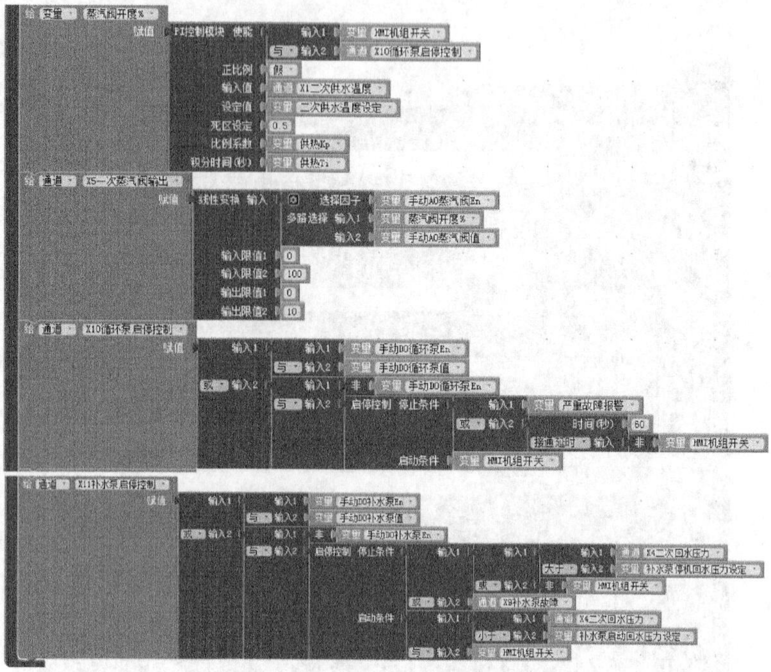

图 6-11　逻辑图绘制（二）

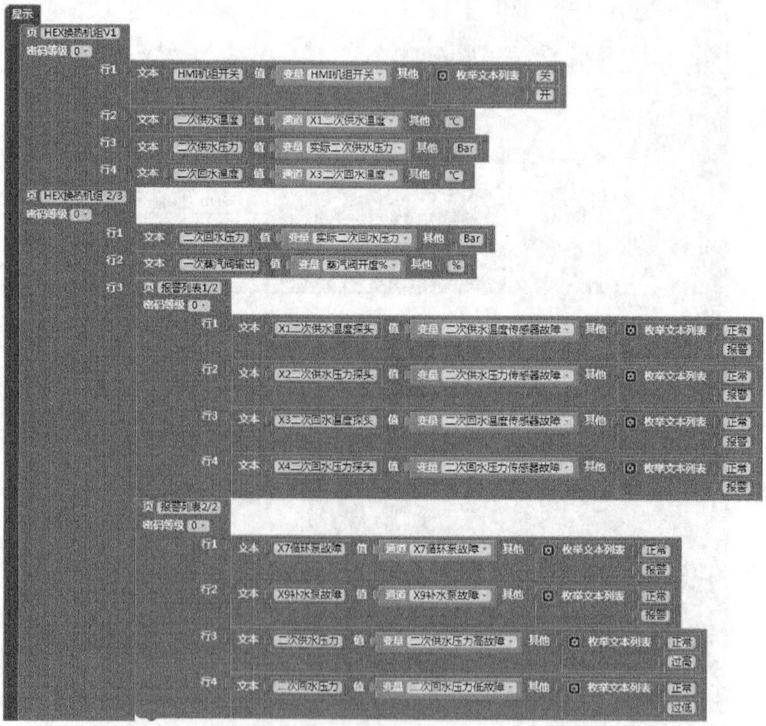

图 6-12　HMI 显示编程（一）

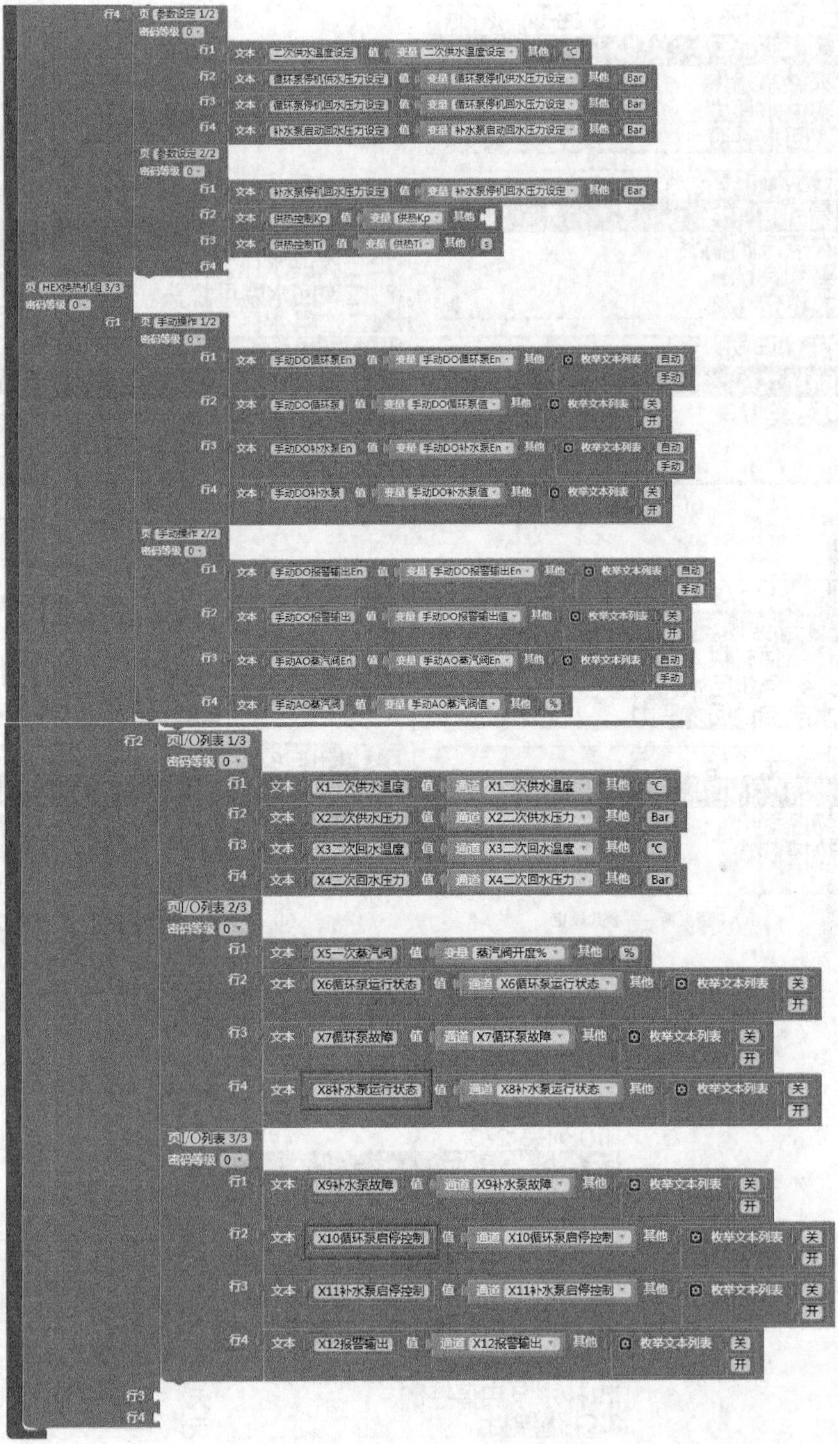

图 6-12 HMI 显示编程（二）

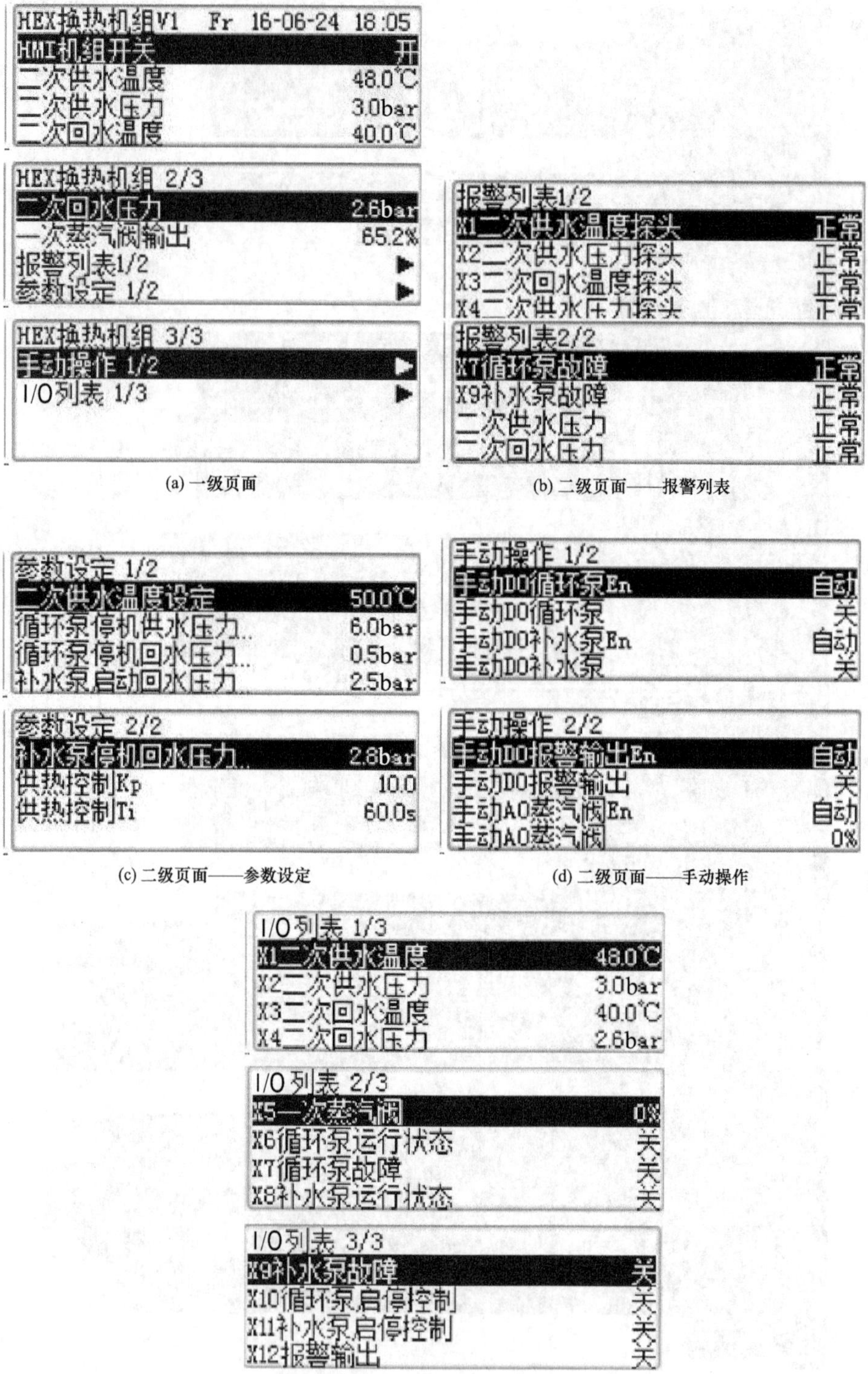
HEX换热机组V1　Fr　16-06-24　18:05
HMI机组开关　开
二次供水温度　48.0℃
二次供水压力　3.0bar
二次回水温度　40.0℃
HEX换热机组 2/3
二次回水压力　2.6bar
一次蒸汽阀输出　65.2%
报警列表1/2
参数设定 1/2
HEX换热机组 3/3
手动操作 1/2
I/O列表 1/3
报警列表1/2
X1二次供水温度探头　正常
X2二次供水压力探头　正常
X3二次回水温度探头　正常
X4二次供水压力探头　正常
报警列表2/2
X7循环泵故障　正常
X9补水泵故障　正常
二次供水压力　正常
二次回水压力　正常
参数设定 1/2
二次供水温度设定　50.0℃
循环泵停机供水压力..　6.0bar
循环泵停机回水压力...　0.5bar
补水泵启动回水压力..　2.5bar
参数设定 2/2
补水泵停机回水压力..　2.8bar
供热控制Kp　10.0
供热控制Ti　60.0s
手动操作 1/2
手动DO循环泵En　自动
手动DO循环泵　关
手动DO补水泵En　自动
手动DO补水泵　关
手动操作 2/2
手动DO报警输出En　自动
手动DO报警输出　关
手动AO蒸汽阀En　自动
手动AO蒸汽阀　0%
I/O列表 1/3
X1二次供水温度　48.0℃
X2二次供水压力　3.0bar
X3二次回水温度　40.0℃
X4二次回水压力　2.6bar
I/O列表 2/3
X5一次蒸汽阀　0%
X6循环泵运行状态　关
X7循环泵故障　关
X8补水泵运行状态　关
I/O列表 3/3
X9补水泵故障　关
X10循环泵启停控制　关
X11补水泵启停控制　关
X12报警输出　关

(a) 一级页面　(b) 二级页面——报警列表

(c) 二级页面——参数设定　(d) 二级页面——手动操作

(e) 二级页面——I/O列表

图 6-13　HMI 模拟显示

6.2.7 通信编程 Modbus RTU 从站＋Modbus TCP Server

通信编程 Modbus RTU 从站＋Modbus TCP Server 如图 6-14 所示。

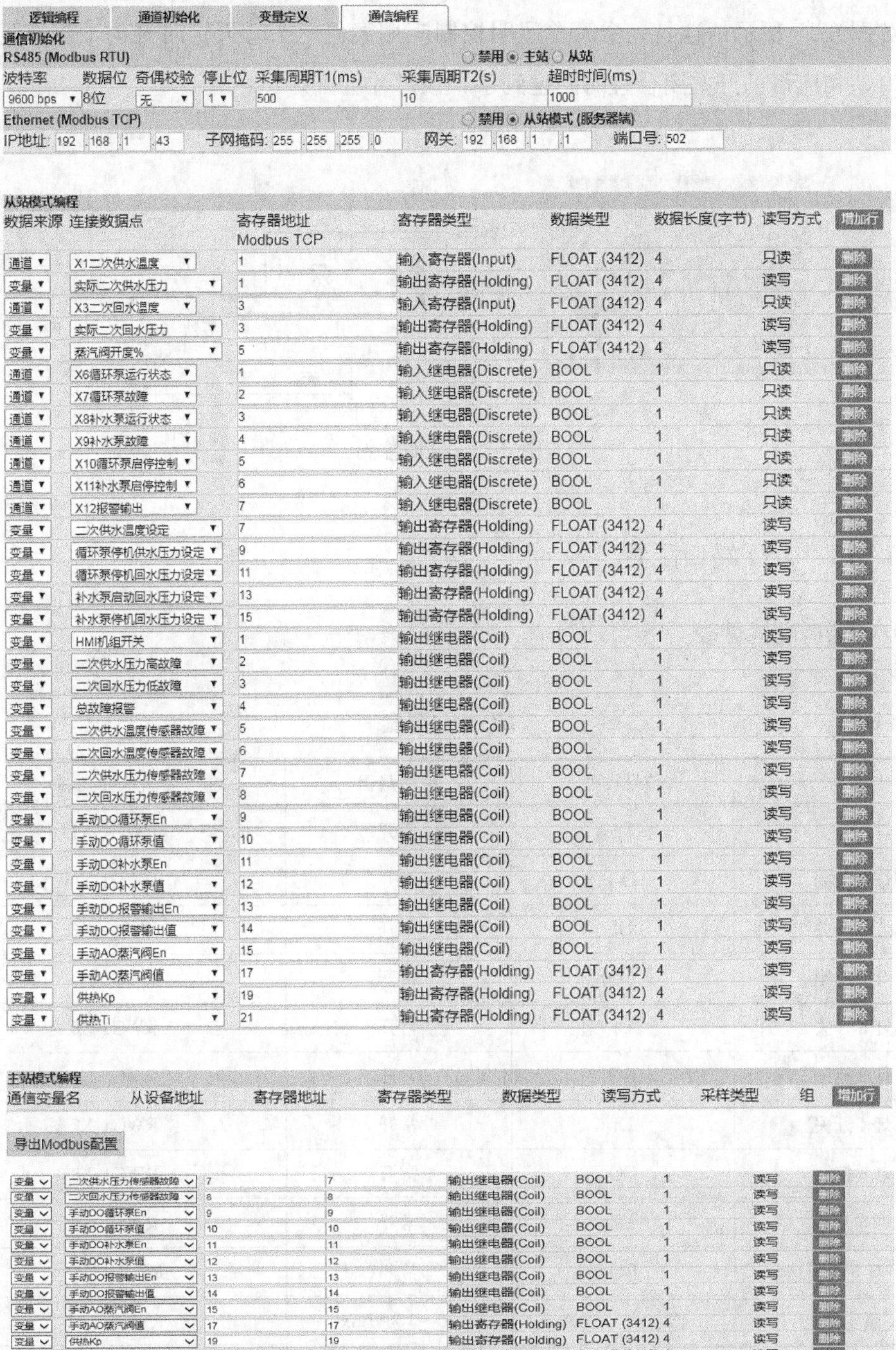

图 6-14 通信编程 Modbus RTU 从站＋Modbus TCP Server

6.3　照明控制及实现

如图 6-15 所示，这是一个简单照明控制应用案例——每天定时开关，当达到设定照度时，相应灯的开关闭合且时间也到了，该灯才会开。

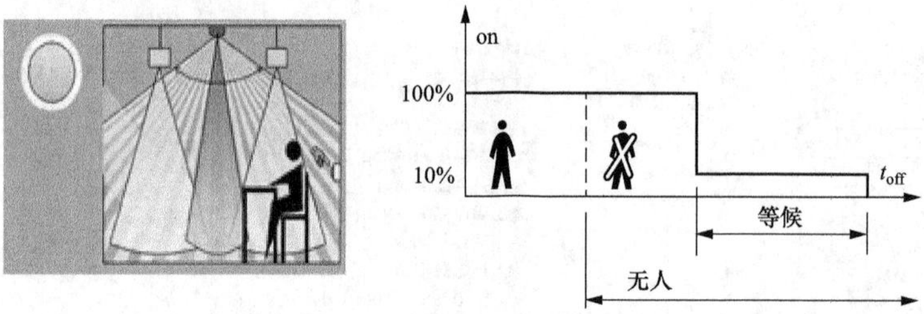

图 6-15　照明控制

6.3.1　I/O 端口配置

I/O 端口配置见表 6-7。

表 6-7　　**I/O 端口配置**

名称	信号类型	信号量程	RWG 接线端
X1 灯 1 开关	DI	常开	RWG1-X1
X2 灯 1 控制	DO	常开	RWG1-X2
X3 灯 2 开关	DI	常开	RWG1-X3
X4 灯 2 控制	DO	常开	RWG1-X4
X5 灯 3 开关	DI	常开	RWG1-X5
X6 灯 3 控制	DO	常开	RWG1-X6
X7 灯 4 开关	DI	常开	RWG1-X7
X8 灯 4 控制	DO	常开	RWG1-X8
X9 灯 5 开关	DI	常开	RWG1-X9
X10 灯 5 控制	DO	常开	RWG1-X10
X11 照度	AI：4～20mA	20～1000Lux	RWG1-X11
X12 故障报警输出	DO	常开	RWG1-X12

6.3.2　应用基本逻辑

- 灯的 DO 开关控制。
- 启动条件：以下所有条件均满足则开相应的灯。

(1) 定时开时间到，而没到定时关时间。

(2) 室内照度小于“照度设定值”。

(3) 相应灯的 DI 开关闭合。

- 停机条件：以下任意一个条件满足则关相应的灯。

(1) 定时关时间到。

(2) 室内照度大于“照度设定值＋回差值”。

(3) 相应灯的 DI 开关断开。

6.3.3　参数列表

参数列表见表 6-8。

表 6-8　　参 数 列 表

Sp＃	具体说明	类型	默认值	最小值	最大值	掉电保存
001	照度设定值	模拟	300Lux	0Lux	1000Lux	√
002	照度设定回差设定	模拟	100Lux	0Lux	1000Lux	√
003	开灯时间-时	模拟	8	0	23	√
004	开灯时间-分	模拟	0	0	59	√
005	关灯时间-时	模拟	18	0	23	√
006	关灯时间-分	模拟	0	0	59	√

6.3.4　报警列表

报警列表见表 6-9。

表 6-9　　报 警 列 表

Alarm ＃	报警说明	报警来源及逻辑描述	复位	相应动作	严重故障报警
001	照度传感器故障	传感器：通道故障码不为 0 则报警	自动	停机	√

续表

Alarm #	报警说明	报警来源及逻辑描述	复位	相应动作	严重故障报警
002					

6.3.5　RWG 控制器编程

通道初始化如图 6-16 所示。

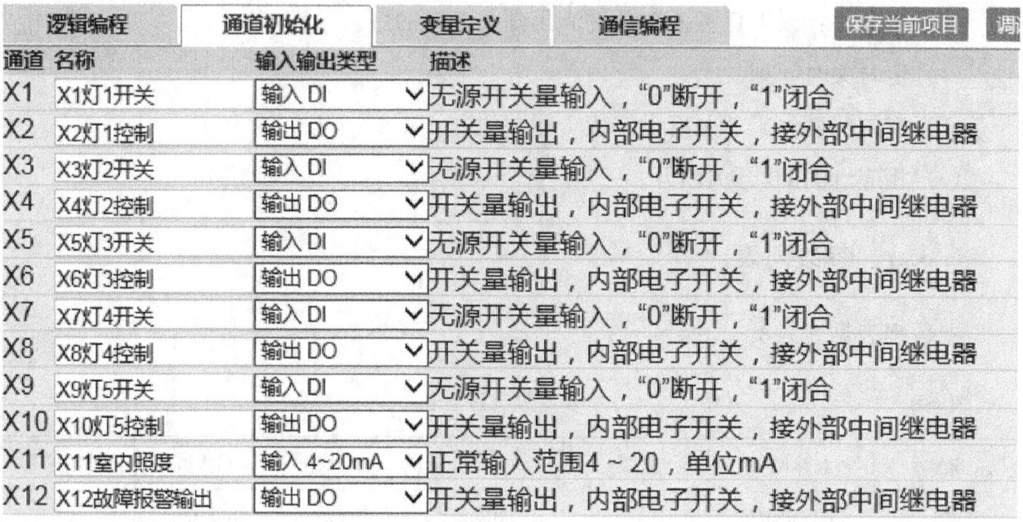

通道	名称	输入输出类型	描述
X1	X1灯1开关	输入 DI	无源开关量输入，“0”断开，“1”闭合
X2	X2灯1控制	输出 DO	开关量输出，内部电子开关，接外部中间继电器
X3	X3灯2开关	输入 DI	无源开关量输入，“0”断开，“1”闭合
X4	X4灯2控制	输出 DO	开关量输出，内部电子开关，接外部中间继电器
X5	X5灯3开关	输入 DI	无源开关量输入，“0”断开，“1”闭合
X6	X6灯3控制	输出 DO	开关量输出，内部电子开关，接外部中间继电器
X7	X7灯4开关	输入 DI	无源开关量输入，“0”断开，“1”闭合
X8	X8灯4控制	输出 DO	开关量输出，内部电子开关，接外部中间继电器
X9	X9灯5开关	输入 DI	无源开关量输入，“0”断开，“1”闭合
X10	X10灯5控制	输出 DO	开关量输出，内部电子开关，接外部中间继电器
X11	X11室内照度	输入 4~20mA	正常输入范围4 ~ 20，单位mA
X12	X12故障报警输出	输出 DO	开关量输出，内部电子开关，接外部中间继电器

图 6-16　通道初始化

变量定义如图 6-17 所示。

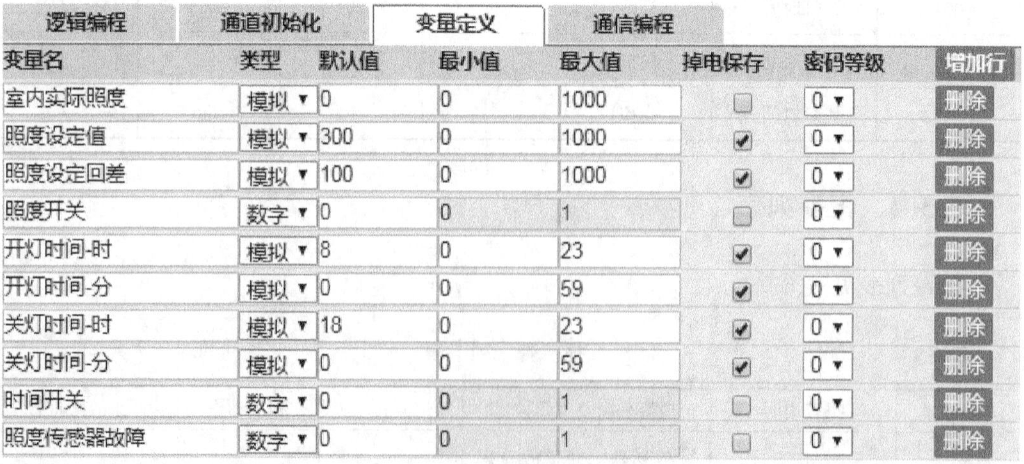

变量名	类型	默认值	最小值	最大值	掉电保存	密码等级	
室内实际照度	模拟	0	0	1000	☐	0	删除
照度设定值	模拟	300	0	1000	☑	0	删除
照度设定回差	模拟	100	0	1000	☑	0	删除
照度开关	数字	0	0	1	☐	0	删除
开灯时间-时	模拟	8	0	23	☑	0	删除
开灯时间-分	模拟	0	0	59	☑	0	删除
关灯时间-时	模拟	18	0	23	☑	0	删除
关灯时间-分	模拟	0	0	59	☑	0	删除
时间开关	数字	0	0	1	☐	0	删除
照度传感器故障	数字	0	0	1	☐	0	删除

图 6-17　变量定义

逻辑图绘制如图 6-18 所示。

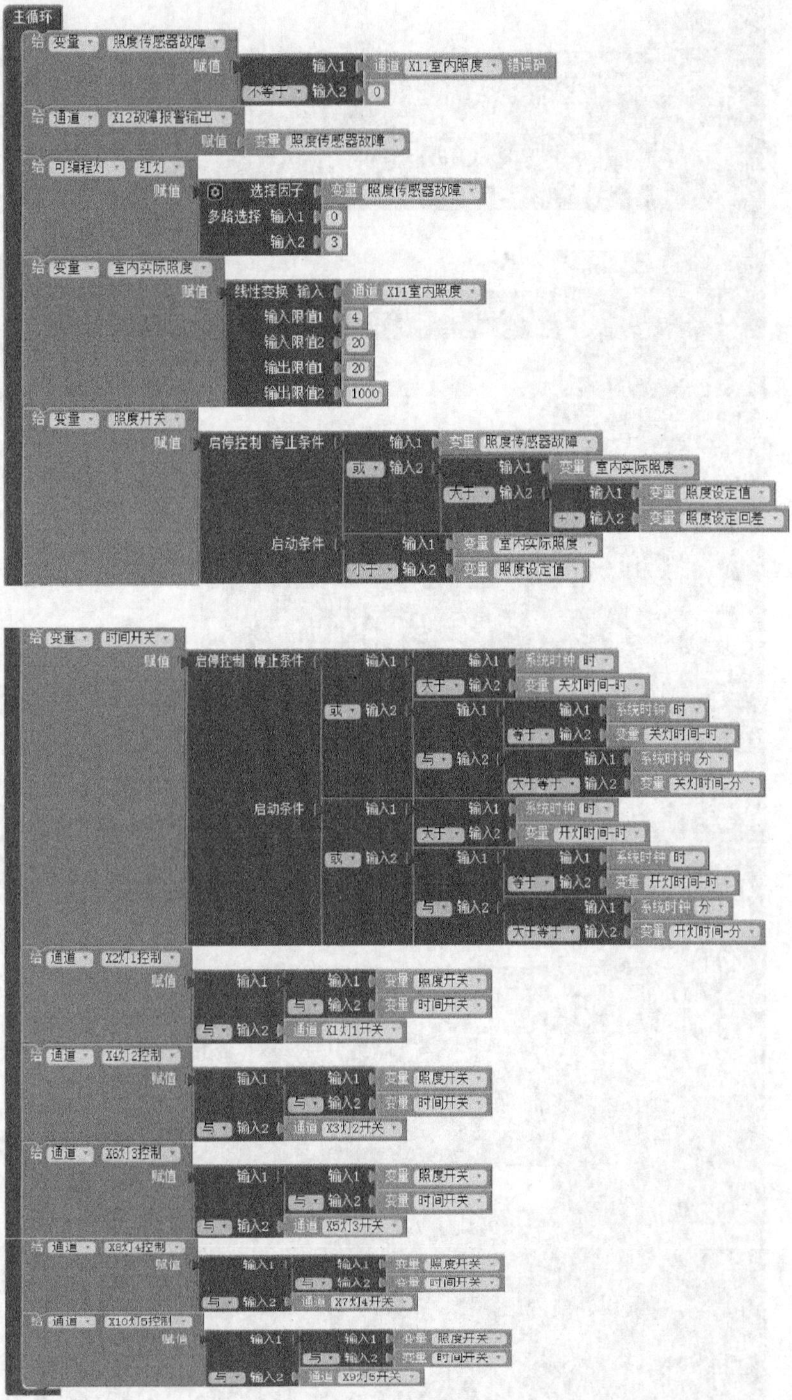

图 6-18　逻辑图绘制

HMI 显示编程如图 6-19 所示。

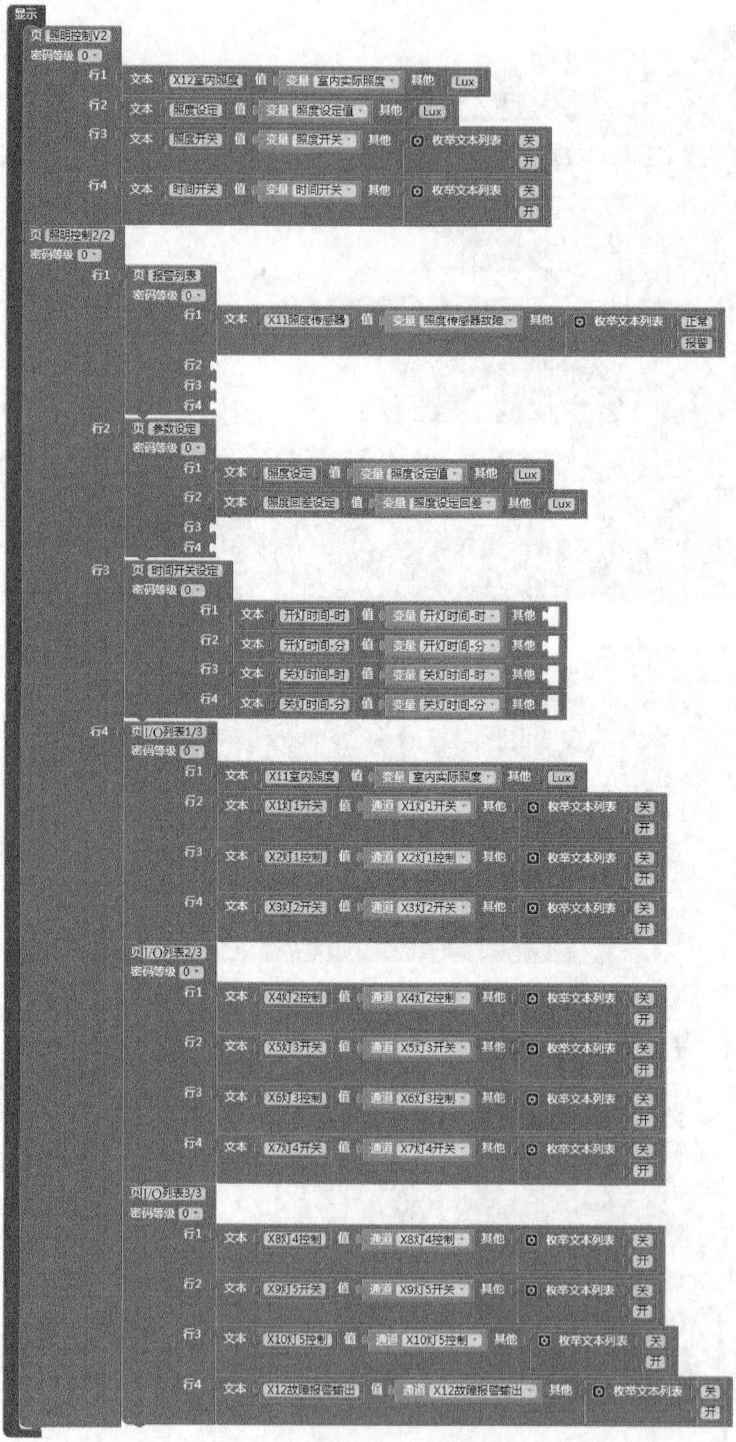

图 6-19　HMI 显示编程

6.3.6　HMI 模拟显示

HMI 模拟显示如图 6-20 所示。

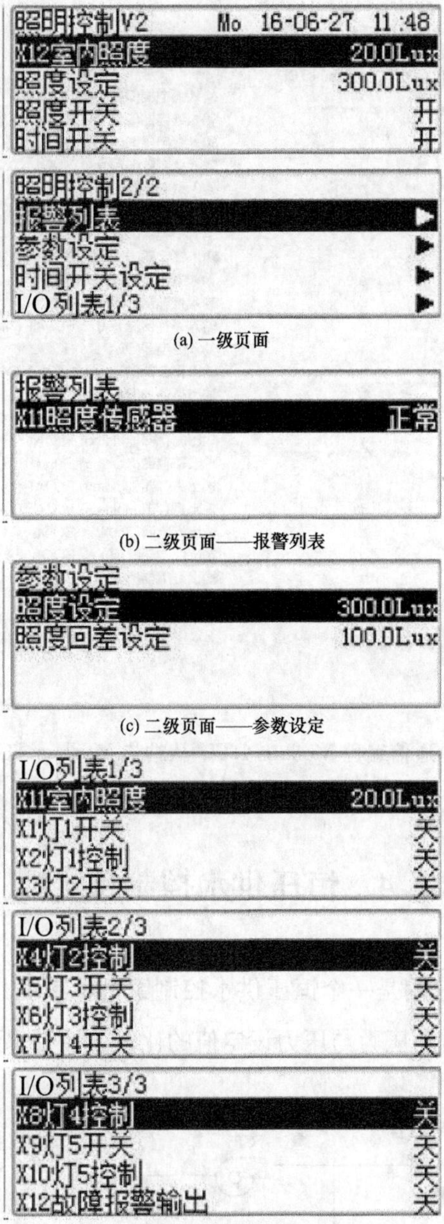

(a) 一级页面

(b) 二级页面——报警列表

(c) 二级页面——参数设定

(d) 二级页面——I/O列表

图 6-20　HMI 模拟显示

6.3.7　通信编程 Modbus RTU 从站与 Modbus TCP Server

通信编程 Modbus RTU 从站与 Modbus TCP Server 如图 6-21 所示。

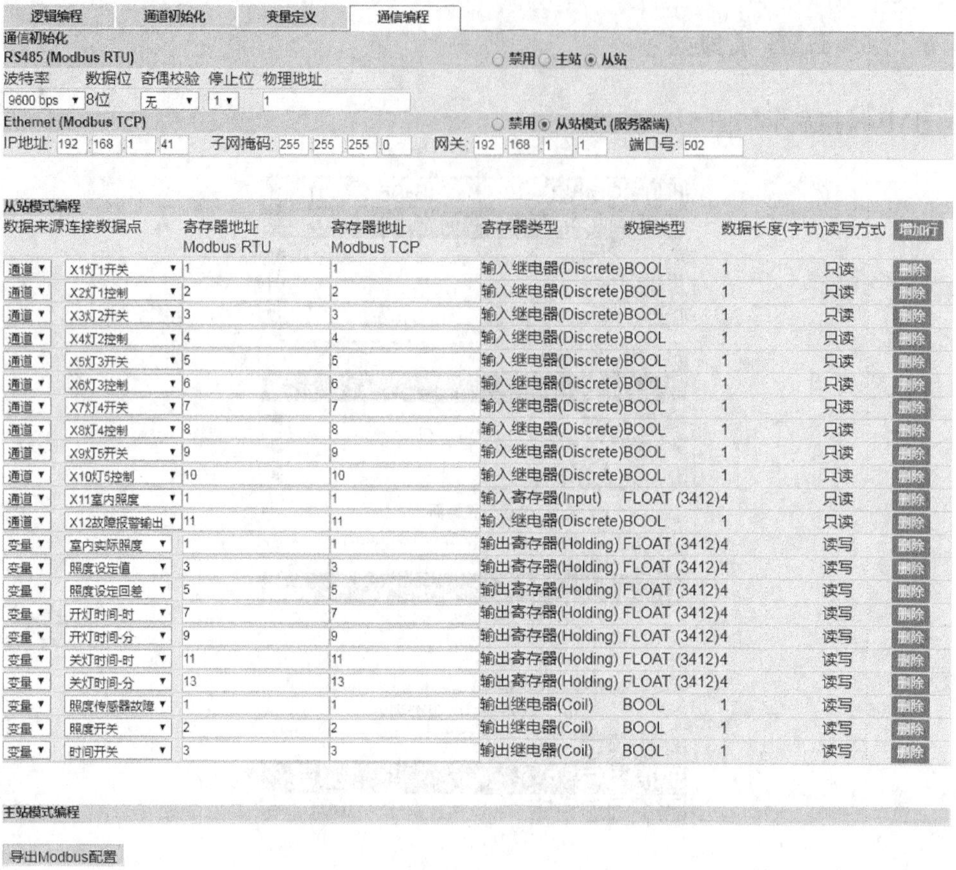

逻辑编程 | 通道初始化 | 变量定义 | 通信编程

通信初始化

RS485 (Modbus RTU)　○禁用 ○主站 ◉从站

波特率 9600 bps　数据位 8位　奇偶校验 无　停止位 1　物理地址 1

Ethernet (Modbus TCP)　○禁用 ◉从站模式 (服务器端)

IP地址: 192.168.1.41　子网掩码: 255.255.255.0　网关: 192.168.1.1　端口号: 502

从站模式编程

数据来源	连接数据点	寄存器地址 Modbus RTU	寄存器地址 Modbus TCP	寄存器类型	数据类型	数据长度(字节)	读写方式	增加行
通道	X1灯1开关	1	1	输入继电器(Discrete)	BOOL	1	只读	删除
通道	X2灯1控制	2	2	输入继电器(Discrete)	BOOL	1	只读	删除
通道	X3灯2开关	3	3	输入继电器(Discrete)	BOOL	1	只读	删除
通道	X4灯2控制	4	4	输入继电器(Discrete)	BOOL	1	只读	删除
通道	X5灯3开关	5	5	输入继电器(Discrete)	BOOL	1	只读	删除
通道	X6灯3控制	6	6	输入继电器(Discrete)	BOOL	1	只读	删除
通道	X7灯4开关	7	7	输入继电器(Discrete)	BOOL	1	只读	删除
通道	X8灯4控制	8	8	输入继电器(Discrete)	BOOL	1	只读	删除
通道	X9灯5开关	9	9	输入继电器(Discrete)	BOOL	1	只读	删除
通道	X10灯5控制	10	10	输入继电器(Discrete)	BOOL	1	只读	删除
通道	X11室内照度	1	1	输入寄存器(Input)	FLOAT (3412)	4	只读	删除
通道	X12故障报警输出	11	11	输入继电器(Discrete)	BOOL	1	只读	删除
变量	室内实际照度	1	1	输出寄存器(Holding)	FLOAT (3412)	4	读写	删除
变量	照度设定值	3	3	输出寄存器(Holding)	FLOAT (3412)	4	读写	删除
变量	照度设定回差	5	5	输出寄存器(Holding)	FLOAT (3412)	4	读写	删除
变量	开灯时间-时	7	7	输出寄存器(Holding)	FLOAT (3412)	4	读写	删除
变量	开灯时间-分	9	9	输出寄存器(Holding)	FLOAT (3412)	4	读写	删除
变量	关灯时间-时	11	11	输出寄存器(Holding)	FLOAT (3412)	4	读写	删除
变量	关灯时间-分	13	13	输出寄存器(Holding)	FLOAT (3412)	4	读写	删除
变量	照度传感器故障	1	1	输出继电器(Coil)	BOOL	1	读写	删除
变量	照度开关	2	2	输出继电器(Coil)	BOOL	1	读写	删除
变量	时间开关	3	3	输出继电器(Coil)	BOOL	1	读写	删除

主站模式编程

导出Modbus配置

图 6-21　通信编程 Modbus RTU 从站与 Modbus TCP Server

6.4 恒压供水控制及实现

如图 6-22 所示，该应用是一个恒压供水控制案例，系统具有三台水泵，水泵设计状态为两用一备，通过监测压力与压力设定值的比较，控制水泵频率。

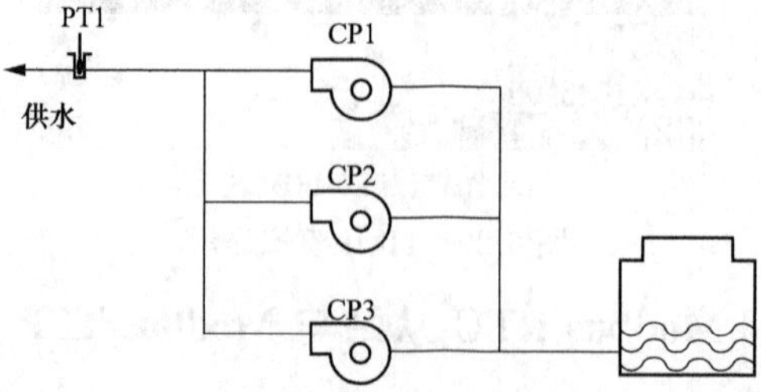

图 6-22　恒压供水控制案例

6.4.1　端口配置

端口配置见表 6-10。

表 6-10　端口配置

图例	名称	信号类型	信号量程	FID 现场设备	RWG 接线端
CP1	X1 泵 1 故障	DI	常开		RWG1-X1
CP1	X2 泵 1 运行反馈	DI	常开		RWG1-X2
CP1	X3 泵 1 启动	DO	常开		RWG1-X3
CP2	X4 泵 2 故障	DI	常开		RWG1-X4
CP2	X5 泵 2 运行反馈	DI	常开		RWG1-X5
CP2	X6 泵 2 启动	DO	常开		RWG1-X6
CP3	X7 泵 3 故障	DI	常开		RWG1-X7
CP3	X8 泵 3 运行反馈	DI	常开		RWG1-X8
CP3	X9 泵 3 启动	DO	常开		RWG1-X9
PT1	X10 压力监测	AI：0～10V	0～10bar	QBE2003-P10	RWG1-X10
—	X11 变频输出	AO：0～10V	0～50Hz		RWG1-X11
—	X12	DO	常开		RWG1-X12

6.4.2　应用基本逻辑

• 供水泵启动条件：以下任意一个条件满足则启动。

(1) 当调试模式为“开”时，泵手启动置为开。

(2) 当调试模式为“关”时：当泵手动为“手动”时，将泵手启动申请置为开；当泵手动为“自动”时，且当泵的停机时间大于最小停机时间，则泵开启。在“自动”模式下，泵会根据累计运行时间自动选择两台运行时间最短的水泵开启。运行时间最长的水泵会作为备用泵，只有在正在运行的两台泵中有故障而停机的情况下，才会自动开启。

• 供水泵停机条件：以下任意一个条件满足则停机。

(1) 当水泵有故障时。

(2) 当调试模式为“开”时，泵手启动置为关。

（3）当调试模式为“关”时：当泵手动为“手动”时，将泵手启申请置为关；当泵手动为“自动”且水泵正在运行时，将泵手动置为手动；当泵手动为“自动”且水泵正在运行时，水泵故障为报警。

6.4.3　参数列表

参数列表见表 6-11。

表 6-11　　参数列表

Sp#	具体说明	类型	默认值	最小值	最大值	掉电保存
001	泵 1 启动延时	模拟	0s	0s	1000s	
002	泵 1 停机延时	模拟	0s	0s	1000s	
003	泵 1 运时累计	模拟	0h	0h	1000h	
004	泵 1 运时设定	模拟	10h	0h	200h	
005	泵 1 运时停	数字	0（关）	0（关）	1（开）	
006	泵 1 自动启	数字	0（关）	0（关）	1（开）	
007	泵 1 运行	数字	0（关）	0（关）	1（开）	
008	泵 2 启动延时	模拟	0s	0s	1000s	
009	泵 2 停机延时	模拟	0s	0s	1000s	
010	泵 2 运时累计	模拟	0h	0h	1000h	
011	泵 2 运时设定	模拟	10h	0h	200h	
012	泵 2 运时停	数字	0（关）	0（关）	1（开）	
013	泵 2 自动启	数字	0（关）	0（关）	1（开）	
014	泵 2 运行	数字	0（关）	0（关）	1（开）	
015	泵 3 启动延时	模拟	0s	0s	1000s	

续表

Sp#	具体说明	类型	默认值	最小值	最大值	掉电保存
016	泵 3 停机延时	模拟	0s	0s	1000s	
017	泵 3 运时累计	模拟	0h	0h	1000h	
018	泵 3 运时设定	模拟	10h	0h	200h	
019	泵 3 运时停	数字	0（关）	0（关）	1（开）	
020	泵 3 自动启	数字	0（关）	0（关）	1（开）	
021	泵 3 运行	数字	0（关）	0（关）	1（开）	
022	压力设定	模拟	4bar	0bar	10bar	
023	最小频率	模拟	25Hz	0Hz	50Hz	
024	HMI 自动	数字	0（手动）	0（手动）	1（自动）	
025	轮转处理	数字	0（关）	0（关）	1（开）	
026	压力值	模拟	0bar	0bar	10bar	
027	输出频率	模拟	0Hz	0Hz	50Hz	
028	计时单位	模拟	0.5	0	1000	
029	泵 1 手启动	数字	0（关）	0（关）	1（开）	
030	泵 2 手启动	数字	0（关）	0（关）	1（开）	
031	泵 3 手启动	数字	0（关）	0（关）	1（开）	
032	设备调试模式	数字	0（关）	0（关）	1（开）	
033	时间转换	数字	0（关）	0（关）	1（开）	
034	故障转换	数字	0（关）	0（关）	1（开）	
035	设备故障	数字	0（正常）	0（正常）	1（报警）	
036	多个时间停	数字	0（关）	0（关）	1（开）	
037	最小运行时间	模拟	2h	0h	1000h	
038	最小时间累计	模拟	0h	0h	1000h	

续表

Sp#	具体说明	类型	默认值	最小值	最大值	掉电保存
039	多时处理	数字	0（关）	0（关）	1（开）	
040	变频手动	数字	0（自动）	0（自动）	1（手动）	
041	泵 1 停时累计	模拟	0.003h	0h	1000h	
042	泵 2 停时累计	模拟	0.002h	0h	1000h	
043	泵 3 停时累计	模拟	0.001h	0h	1000h	
044	当前运行优先	模拟	0	0	3	
045	当前停机优先	模拟	0	0	3	
046	泵 1 运行允许	数字	0（关）	0（关）	1（开）	
047	泵 2 运行允许	数字	0（关）	0（关）	1（开）	
048	泵 3 运行允许	数字	0（关）	0（关）	1（开）	
049	泵 1 停机允许	数字	0（关）	0（关）	1（开）	
050	泵 2 停机允许	数字	0（关）	0（关）	1（开）	
051	泵 3 停机允许	数字	0（关）	0（关）	1（开）	
052	正常负荷数量	模拟	2	0	3	
053	设计负荷数量	模拟	3	0	3	
054	最小停机时间	模拟	1h	0h	1000h	
055	当前运行数量	模拟	2	0	3	
056	手动频率	模拟	0Hz	0Hz	50Hz	
057	泵 1 临时	模拟	0h	0h	1000h	
058	泵 2 临时	模拟	0h	0h	1000h	

续表

Sp#	具体说明	类型	默认值	最小值	最大值	掉电保存
059	泵 3 临时	模拟	0h	0h	1000h	
060	泵 1 手动	数字	0（手动）	0（手动）	1（自动）	
061	泵 2 手动	数字	0（手动）	0（手动）	1（自动）	
062	泵 3 手动	数字	0（手动）	0（手动）	1（自动）	
063	泵 1 故障	数字	0（正常）	0（正常）	1（报警）	
064	泵 2 故障	数字	0（正常）	0（正常）	1（报警）	
065	泵 3 故障	数字	0（正常）	0（正常）	1（报警）	
066	泵 1 手启申请	数字	0（关）	0（关）	1（开）	
067	泵 2 手启申请	数字	0（关）	0（关）	1（开）	
068	泵 3 手启申请	数字	0（关）	0（关）	1（开）	
069	手动轮转允许	数字	0（关）	0（关）	1（开）	
070	全自动	数字	0（手动）	0（手动）	1（自动）	
071	手动模式数量	模拟	0	0	3	
072	手动运行数量	模拟	0	0	3	

6.4.4　报警列表

报警列表见表 6-12。

表 6-12　　报　警　列　表

Alarm #	报警说明	报警来源及逻辑描述	复位	相应动作	严重故障报警
001	泵 1 故障	水泵故障	自动	泵 1 停机	√
002	泵 2 故障	水泵故障	自动	泵 2 停机	√
003	泵 3 故障	水泵故障报警	自动	泵 3 停机	√

6.4.5　RWG 控制器编程

通道初始化如图 6-23 所示。

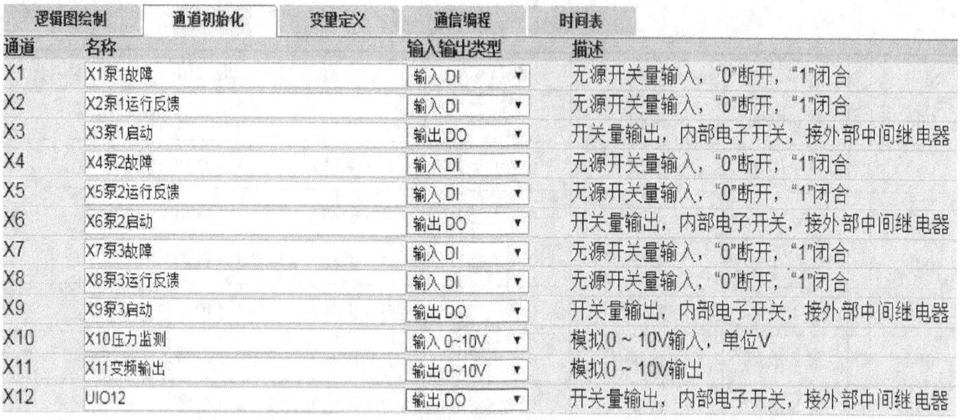

逻辑图绘制　通道初始化　变量定义　通信编程　时间表

通道	名称	输入输出类型	描述
X1	X1泵1故障	输入 DI	无源开关量输入，“0”断开，“1”闭合
X2	X2泵1运行反馈	输入 DI	无源开关量输入，“0”断开，“1”闭合
X3	X3泵1启动	输出 DO	开关量输出，内部电子开关，接外部中间继电器
X4	X4泵2故障	输入 DI	无源开关量输入，“0”断开，“1”闭合
X5	X5泵2运行反馈	输入 DI	无源开关量输入，“0”断开，“1”闭合
X6	X6泵2启动	输出 DO	开关量输出，内部电子开关，接外部中间继电器
X7	X7泵3故障	输入 DI	无源开关量输入，“0”断开，“1”闭合
X8	X8泵3运行反馈	输入 DI	无源开关量输入，“0”断开，“1”闭合
X9	X9泵3启动	输出 DO	开关量输出，内部电子开关，接外部中间继电器
X10	X10压力监测	输入 0~10V	模拟0 ~ 10V输入，单位V
X11	X11变频输出	输出 0~10V	模拟0 ~ 10V输出
X12	UIO12	输出 DO	开关量输出，内部电子开关，接外部中间继电器

图 6-23　通道初始化

变量定义如图 6-24 所示。

逻辑图绘制如图 6-25 所示。

HMI 显示编程如图 6-26 所示。

6.4.6　HMI 模拟显示

HMI 模拟显示如图 6-27 所示。

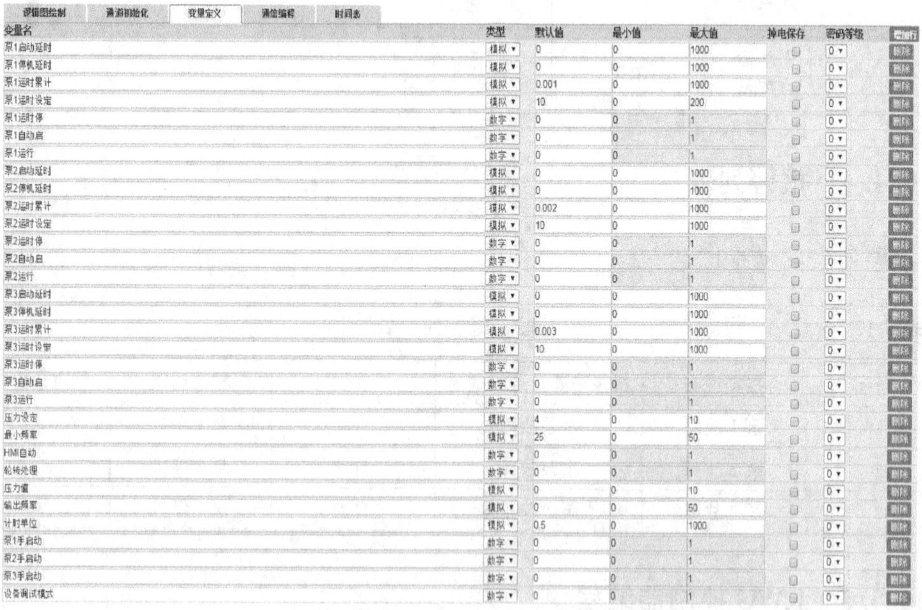

逻辑图绘制　通道初始化　变量定义　通信编程　时间表

变量名	类型	默认值	最小值	最大值	掉电保存	密码等级	
泵1启动延时	模拟	0	0	1000		0	删除
泵1停机延时	模拟	0	0	1000		0	删除
泵1运时累计	模拟	0.001	0	1000		0	删除
泵1运时设定	模拟	10	0	200		0	删除
泵1运时停	数字	0	0	1		0	删除
泵1自动启	数字	0	0	1		0	删除
泵1运行	数字	0	0	1		0	删除
泵2启动延时	模拟	0	0	1000		0	删除
泵2停机延时	模拟	0	0	1000		0	删除
泵2运时累计	模拟	0.002	0	1000		0	删除
泵2运时设定	模拟	10	0	1000		0	删除
泵2运时停	数字	0	0	1		0	删除
泵2自动启	数字	0	0	1		0	删除
泵2运行	数字	0	0	1		0	删除
泵3启动延时	模拟	0	0	1000		0	删除
泵3停机延时	模拟	0	0	1000		0	删除
泵3运时累计	模拟	0.003	0	1000		0	删除
泵3运时设定	模拟	10	0	1000		0	删除
泵3运时停	数字	0	0	1		0	删除
泵3自动启	数字	0	0	1		0	删除
泵3运行	数字	0	0	1		0	删除
压力设定	模拟	4	0	10		0	删除
最小频率	模拟	25	0	50		0	删除
HMI自动	数字	0	0	1		0	删除
轮转处理	数字	0	0	1		0	删除
压力值	模拟	0	0	10		0	删除
输出频率	模拟	0	0	50		0	删除
计时单位	模拟	0.5	0	1000		0	删除
泵1手启动	数字	0	0	1		0	删除
泵2手启动	数字	0	0	1		0	删除
泵3手启动	数字	0	0	1		0	删除
设备调试模式	数字	0	0	1		0	删除

图 6-24　变量定义（一）

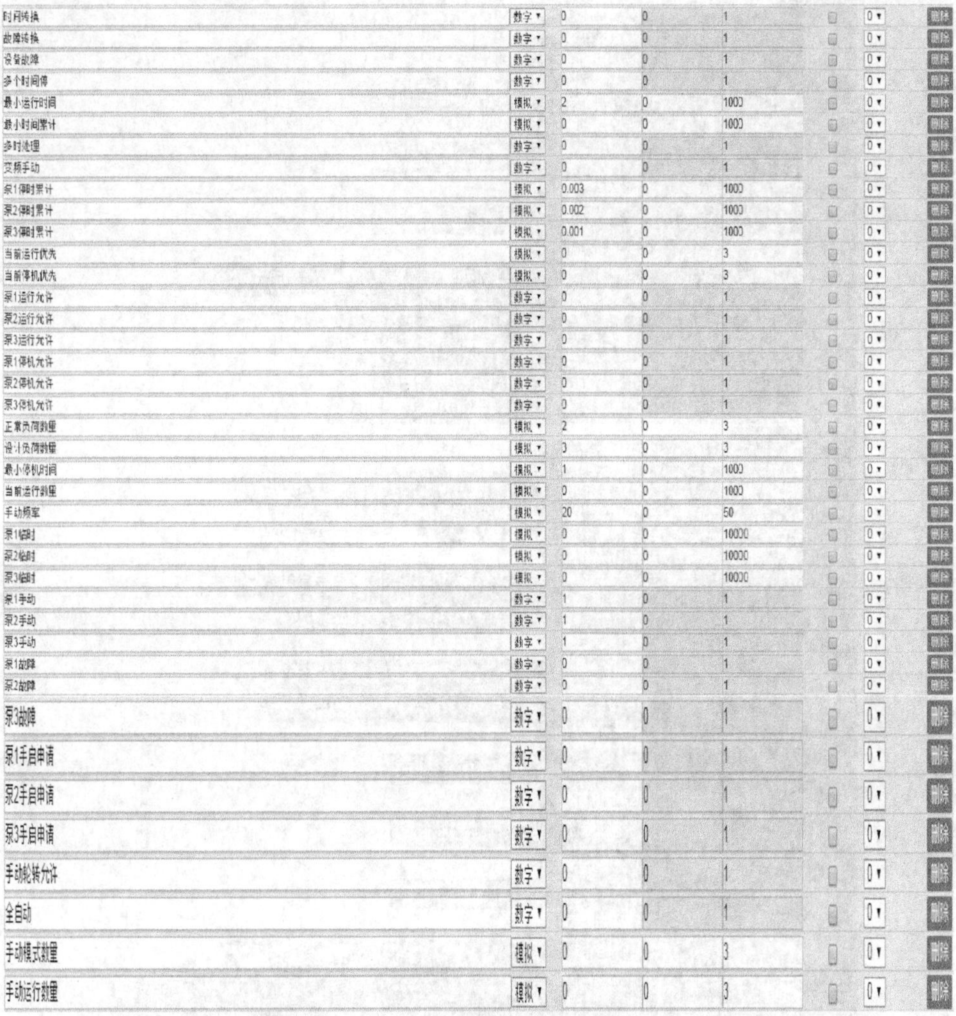

时间转换	数字 ▾	0	0	1	☐	0 ▾	删除
故障转换	数字 ▾	0	0	1	☐	0 ▾	删除
设备故障	数字 ▾	0	0	1	☐	0 ▾	删除
多个时间停	数字 ▾	0	0	1	☐	0 ▾	删除
最小运行时间	模拟 ▾	2	0	1000	☐	0 ▾	删除
最小时间累计	模拟 ▾	0	0	1000	☐	0 ▾	删除
多时处理	数字 ▾	0	0	1	☐	0 ▾	删除
变频手动	数字 ▾	0	0	1	☐	0 ▾	删除
泵1停时累计	模拟 ▾	0.003	0	1000	☐	0 ▾	删除
泵2停时累计	模拟 ▾	0.002	0	1000	☐	0 ▾	删除
泵3停时累计	模拟 ▾	0.001	0	1000	☐	0 ▾	删除
当前运行优先	模拟 ▾	0	0	3	☐	0 ▾	删除
当前停机优先	模拟 ▾	0	0	3	☐	0 ▾	删除
泵1运行允许	数字 ▾	0	0	1	☐	0 ▾	删除
泵2运行允许	数字 ▾	0	0	1	☐	0 ▾	删除
泵3运行允许	数字 ▾	0	0	1	☐	0 ▾	删除
泵1停机允许	数字 ▾	0	0	1	☐	0 ▾	删除
泵2停机允许	数字 ▾	0	0	1	☐	0 ▾	删除
泵3停机允许	数字 ▾	0	0	1	☐	0 ▾	删除
正常负荷数量	模拟 ▾	2	0	3	☐	0 ▾	删除
设计负荷数量	模拟 ▾	3	0	3	☐	0 ▾	删除
最小停机时间	模拟 ▾	1	0	1000	☐	0 ▾	删除
当前运行数量	模拟 ▾	0	0	1000	☐	0 ▾	删除
手动频率	模拟 ▾	20	0	50	☐	0 ▾	删除
泵1临时	模拟 ▾	0	0	10000	☐	0 ▾	删除
泵2临时	模拟 ▾	0	0	10000	☐	0 ▾	删除
泵3临时	模拟 ▾	0	0	10000	☐	0 ▾	删除
泵1手动	数字 ▾	1	0	1	☐	0 ▾	删除
泵2手动	数字 ▾	1	0	1	☐	0 ▾	删除
泵3手动	数字 ▾	1	0	1	☐	0 ▾	删除
泵1故障	数字 ▾	0	0	1	☐	0 ▾	删除
泵2故障	数字 ▾	0	0	1	☐	0 ▾	删除
泵3故障	数字 ▾	0	0	1	☐	0 ▾	删除
泵1手启申请	数字 ▾	0	0	1	☐	0 ▾	删除
泵2手启申请	数字 ▾	0	0	1	☐	0 ▾	删除
泵3手启申请	数字 ▾	0	0	1	☐	0 ▾	删除
手动轮转允许	数字 ▾	0	0	1	☐	0 ▾	删除
全自动	数字 ▾	0	0	1	☐	0 ▾	删除
手动模式数量	模拟 ▾	0	0	3	☐	0 ▾	删除
手动运行数量	模拟 ▾	0	0	3	☐	0 ▾	删除

图 6-24　变量定义（二）

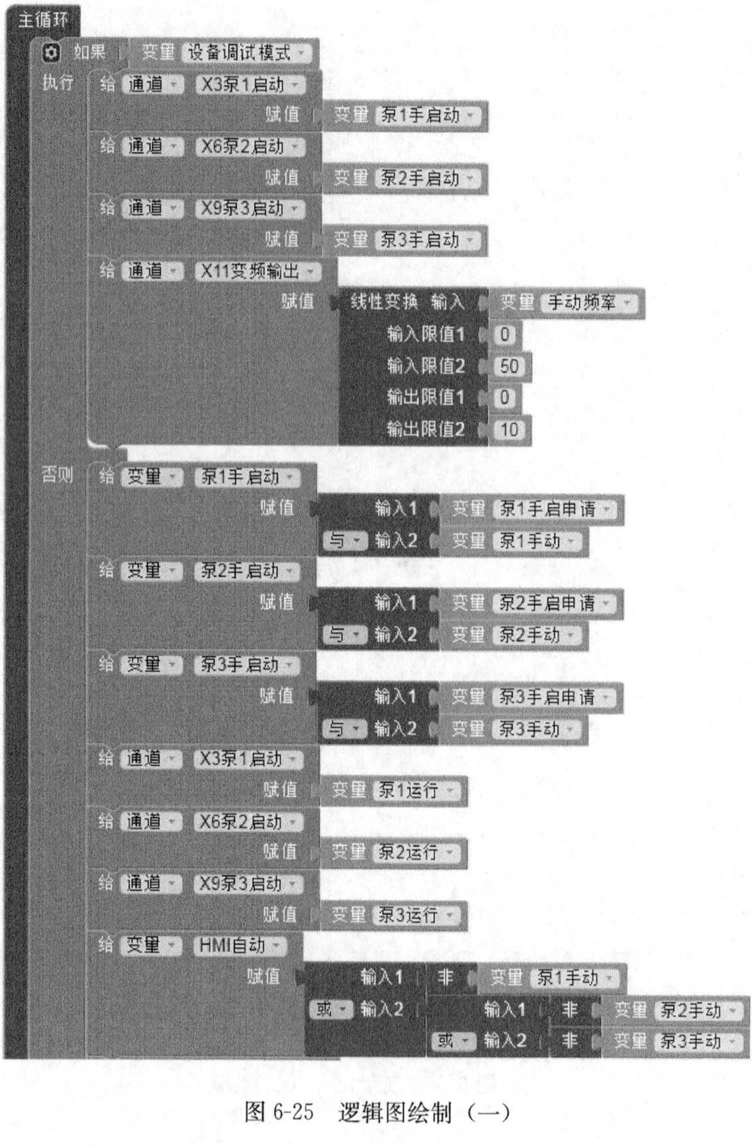
主循环
如果 变量 设备调试模式
执行 给 通道 X3泵1启动
赋值 变量 泵1手启动
给 通道 X6泵2启动
赋值 变量 泵2手启动
给 通道 X9泵3启动
赋值 变量 泵3手启动
给 通道 X11变频输出
赋值 线性变换 输入 变量 手动频率
输入限值1 0
输入限值2 50
输出限值1 0
输出限值2 10
否则 给 变量 泵1手启动
赋值 输入1 变量 泵1手启申请
与 输入2 变量 泵1手动
给 变量 泵2手启动
赋值 输入1 变量 泵2手启申请
与 输入2 变量 泵2手动
给 变量 泵3手启动
赋值 输入1 变量 泵3手启申请
与 输入2 变量 泵3手动
给 通道 X3泵1启动
赋值 变量 泵1运行
给 通道 X6泵2启动
赋值 变量 泵2运行
给 通道 X9泵3启动
赋值 变量 泵3运行
给 变量 HMI自动
赋值 输入1 非 变量 泵1手动
或 输入2 输入1 非 变量 泵2手动
或 输入2 非 变量 泵3手动

图 6-25　逻辑图绘制（一）

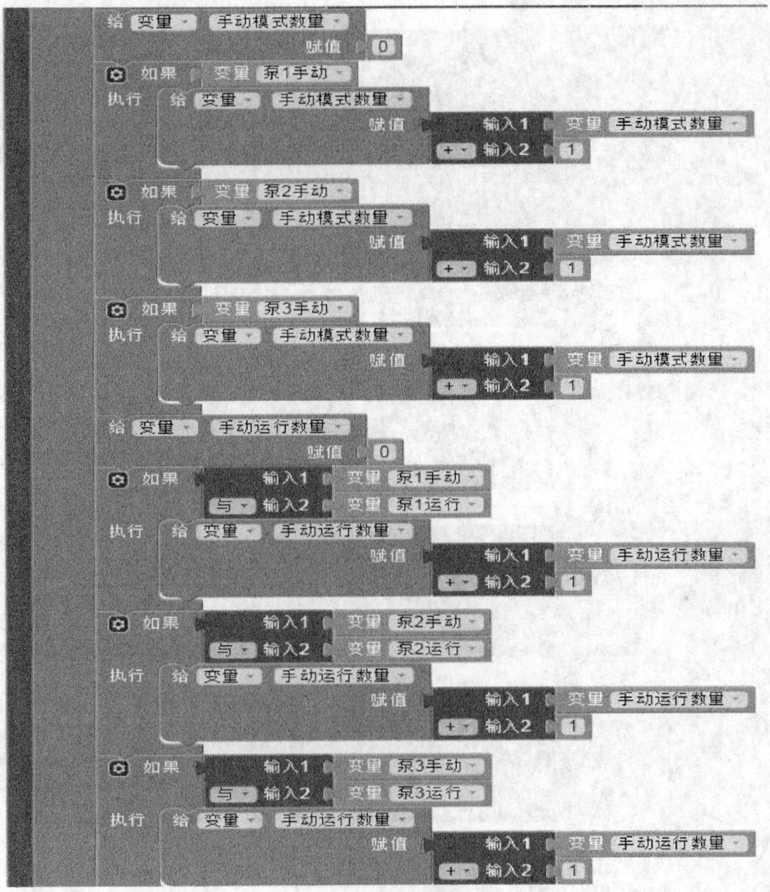
给 变量 手动模式数量
赋值 0
如果 变量 泵1手动
执行 给 变量 手动模式数量
赋值 输入1 变量 手动模式数量
+ 输入2 1
如果 变量 泵2手动
执行 给 变量 手动模式数量
赋值 输入1 变量 手动模式数量
+ 输入2 1
如果 变量 泵3手动
执行 给 变量 手动模式数量
赋值 输入1 变量 手动模式数量
+ 输入2 1
给 变量 手动运行数量
赋值 0
如果 输入1 变量 泵1手动
与 输入2 变量 泵1运行
执行 给 变量 手动运行数量
赋值 输入1 变量 手动运行数量
+ 输入2 1
如果 输入1 变量 泵2手动
与 输入2 变量 泵2运行
执行 给 变量 手动运行数量
赋值 输入1 变量 手动运行数量
+ 输入2 1
如果 输入1 变量 泵3手动
与 输入2 变量 泵3运行
执行 给 变量 手动运行数量
赋值 输入1 变量 手动运行数量
+ 输入2 1

图 6-25　逻辑图绘制（二）

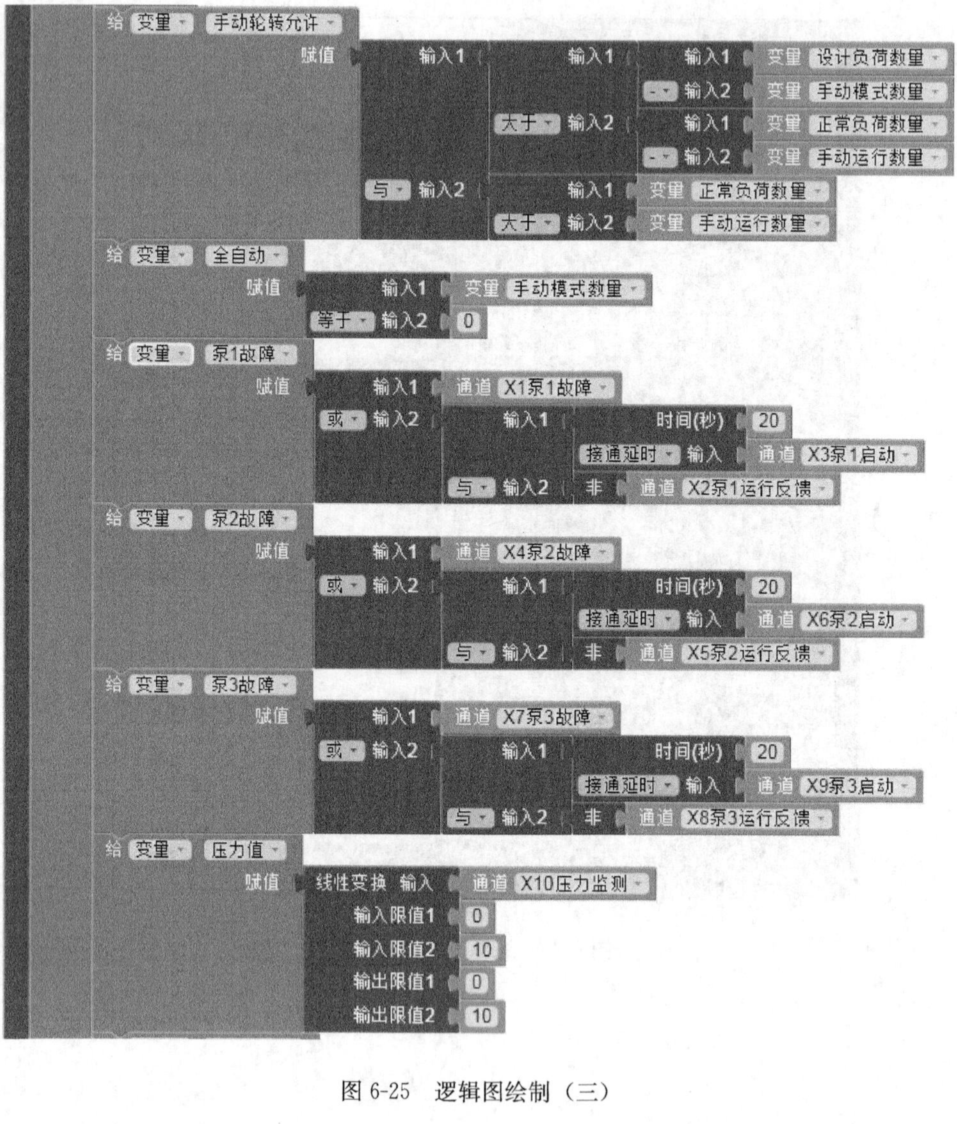
给 变量 手动轮转允许
赋值
输入1
输入1
输入1 变量 设计负荷数量
- 输入2 变量 手动模式数量
大于 输入2
输入1 变量 正常负荷数量
- 输入2 变量 手动运行数量
与 输入2
输入1 变量 正常负荷数量
大于 输入2 变量 手动运行数量
给 变量 全自动
赋值
输入1 变量 手动模式数量
等于 输入2 0
给 变量 泵1故障
赋值
输入1 通道 X1泵1故障
或 输入2
输入1
时间(秒) 20
接通延时 输入 通道 X3泵1启动
与 输入2 非 通道 X2泵1运行反馈
给 变量 泵2故障
赋值
输入1 通道 X4泵2故障
或 输入2
输入1
时间(秒) 20
接通延时 输入 通道 X6泵2启动
与 输入2 非 通道 X5泵2运行反馈
给 变量 泵3故障
赋值
输入1 通道 X7泵3故障
或 输入2
输入1
时间(秒) 20
接通延时 输入 通道 X9泵3启动
与 输入2 非 通道 X8泵3运行反馈
给 变量 压力值
赋值 线性变换 输入 通道 X10压力监测
输入限值1 0
输入限值2 10
输出限值1 0
输出限值2 10

图 6-25　逻辑图绘制（三）

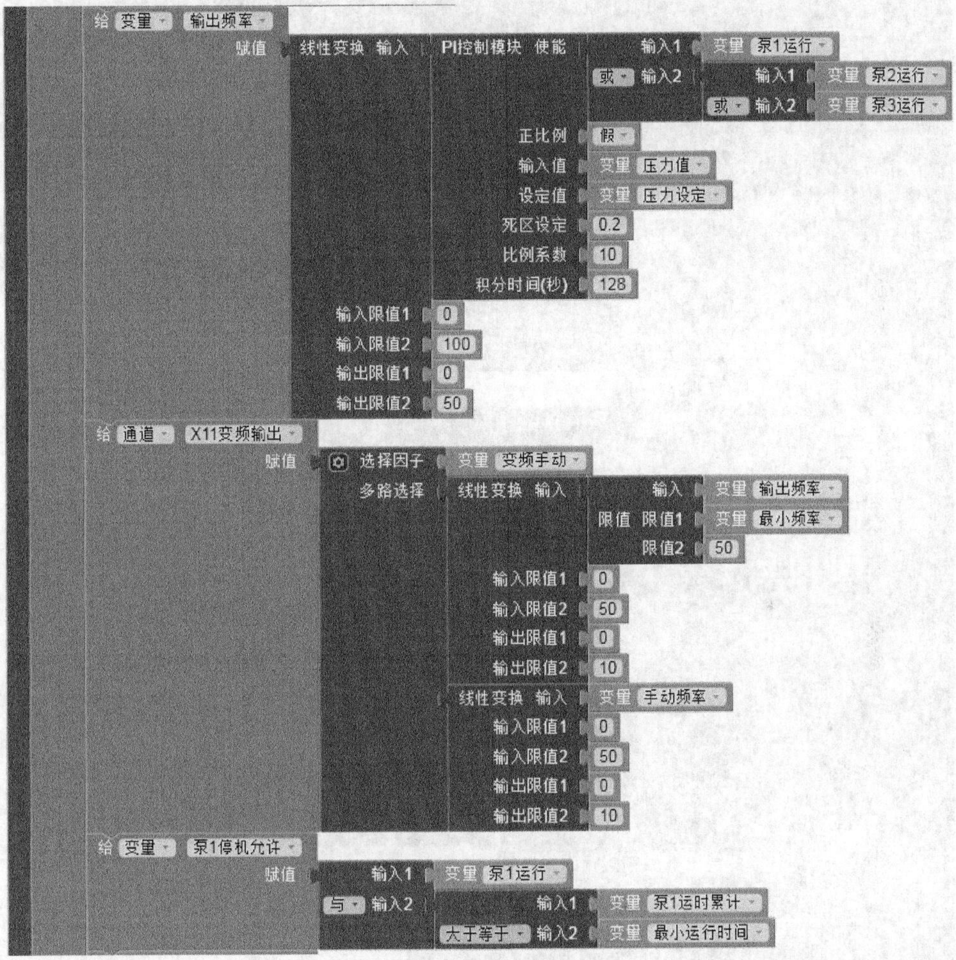

给 变量 输出频率
赋值 线性变换 输入 PI控制模块 使能 输入1 变量 泵1运行
或 输入2 输入1 变量 泵2运行
或 输入2 变量 泵3运行
正比例 假
输入值 变量 压力值
设定值 变量 压力设定
死区设定 0.2
比例系数 10
积分时间(秒) 128
输入限值1 0
输入限值2 100
输出限值1 0
输出限值2 50
给 通道 X11变频输出
赋值 选择因子 变量 变频手动
多路选择 线性变换 输入 输入 变量 输出频率
限值 限值1 变量 最小频率
限值2 50
输入限值1 0
输入限值2 50
输出限值1 0
输出限值2 10
线性变换 输入 变量 手动频率
输入限值1 0
输入限值2 50
输出限值1 0
输出限值2 10
给 变量 泵1停机允许
赋值 输入1 变量 泵1运行
与 输入2 输入1 变量 泵1运时累计
大于等于 输入2 变量 最小运行时间

图 6-25　逻辑图绘制（四）

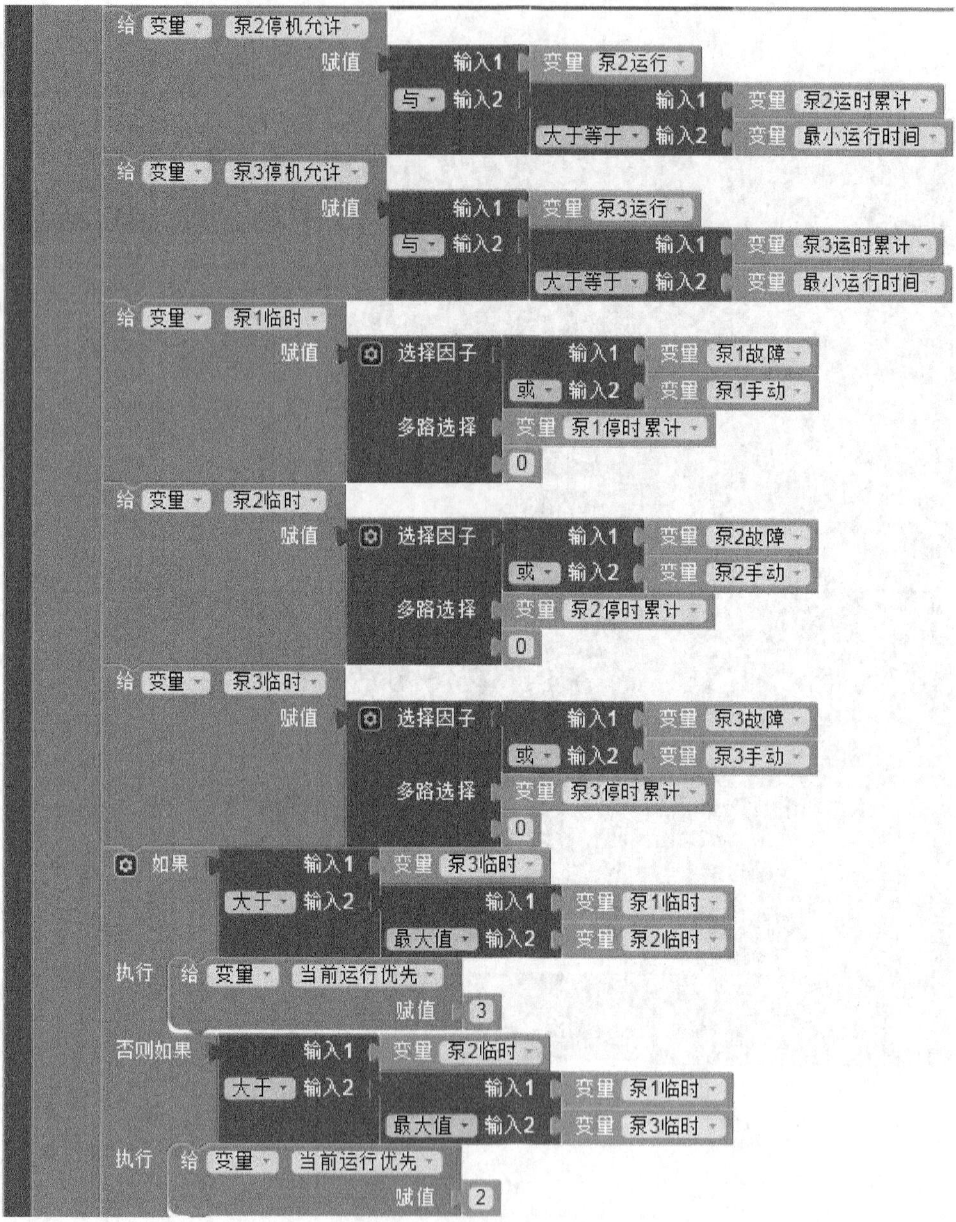
给 变量 泵2停机允许
赋值 输入1 变量 泵2运行
与 输入2 输入1 变量 泵2运时累计
大于等于 输入2 变量 最小运行时间
给 变量 泵3停机允许
赋值 输入1 变量 泵3运行
与 输入2 输入1 变量 泵3运时累计
大于等于 输入2 变量 最小运行时间
给 变量 泵1临时
赋值 选择因子 输入1 变量 泵1故障
或 输入2 变量 泵1手动
多路选择 变量 泵1停时累计
0
给 变量 泵2临时
赋值 选择因子 输入1 变量 泵2故障
或 输入2 变量 泵2手动
多路选择 变量 泵2停时累计
0
给 变量 泵3临时
赋值 选择因子 输入1 变量 泵3故障
或 输入2 变量 泵3手动
多路选择 变量 泵3停时累计
0
如果 输入1 变量 泵3临时
大于 输入2 输入1 变量 泵1临时
最大值 输入2 变量 泵2临时
执行 给 变量 当前运行优先
赋值 3
否则如果 输入1 变量 泵2临时
大于 输入2 输入1 变量 泵1临时
最大值 输入2 变量 泵3临时
执行 给 变量 当前运行优先
赋值 2

图 6-25　逻辑图绘制（五）

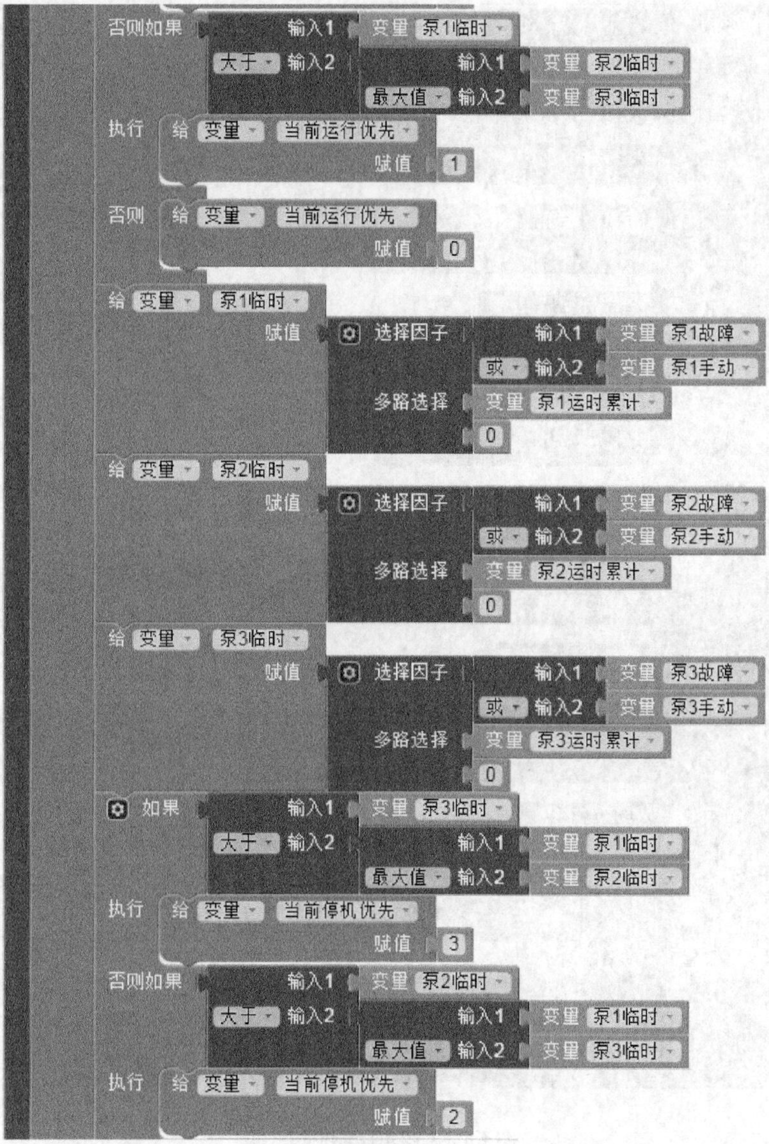
否则如果 输入1 变量 泵1临时
大于 输入2 输入1 变量 泵2临时
最大值 输入2 变量 泵3临时
执行 给 变量 当前运行优先
赋值 1
否则 给 变量 当前运行优先
赋值 0
给 变量 泵1临时
赋值 选择因子 输入1 变量 泵1故障
或 输入2 变量 泵1手动
多路选择 变量 泵1运时累计
0
给 变量 泵2临时
赋值 选择因子 输入1 变量 泵2故障
或 输入2 变量 泵2手动
多路选择 变量 泵2运时累计
0
给 变量 泵3临时
赋值 选择因子 输入1 变量 泵3故障
或 输入2 变量 泵3手动
多路选择 变量 泵3运时累计
0
如果 输入1 变量 泵3临时
大于 输入2 输入1 变量 泵1临时
最大值 输入2 变量 泵2临时
执行 给 变量 当前停机优先
赋值 3
否则如果 输入1 变量 泵2临时
大于 输入2 输入1 变量 泵1临时
最大值 输入2 变量 泵3临时
执行 给 变量 当前停机优先
赋值 2

图 6-25　逻辑图绘制（六）

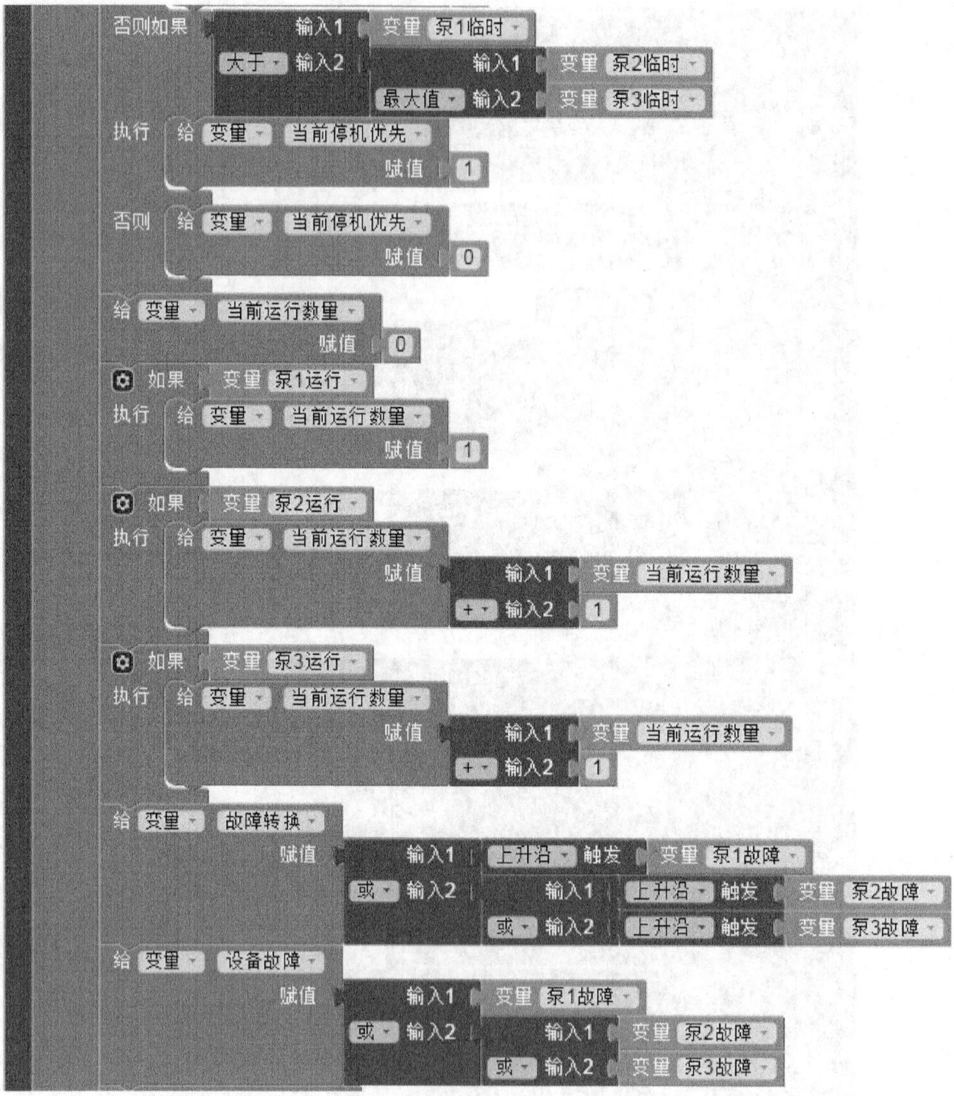
否则如果
输入1
变量 泵1临时
大于 输入2
输入1
变量 泵2临时
最大值 输入2
变量 泵3临时
执行
给 变量 当前停机优先
赋值 1
否则
给 变量 当前停机优先
赋值 0
给 变量 当前运行数量
赋值 0
如果 变量 泵1运行
执行
给 变量 当前运行数量
赋值 1
如果 变量 泵2运行
执行
给 变量 当前运行数量
赋值
输入1 变量 当前运行数量
+ 输入2 1
如果 变量 泵3运行
执行
给 变量 当前运行数量
赋值
输入1 变量 当前运行数量
+ 输入2 1
给 变量 故障转换
赋值
输入1 上升沿 触发 变量 泵1故障
或 输入2
输入1 上升沿 触发 变量 泵2故障
或 输入2 上升沿 触发 变量 泵3故障
给 变量 设备故障
赋值
输入1 变量 泵1故障
或 输入2
输入1 变量 泵2故障
或 输入2 变量 泵3故障

图 6-25　逻辑图绘制（七）

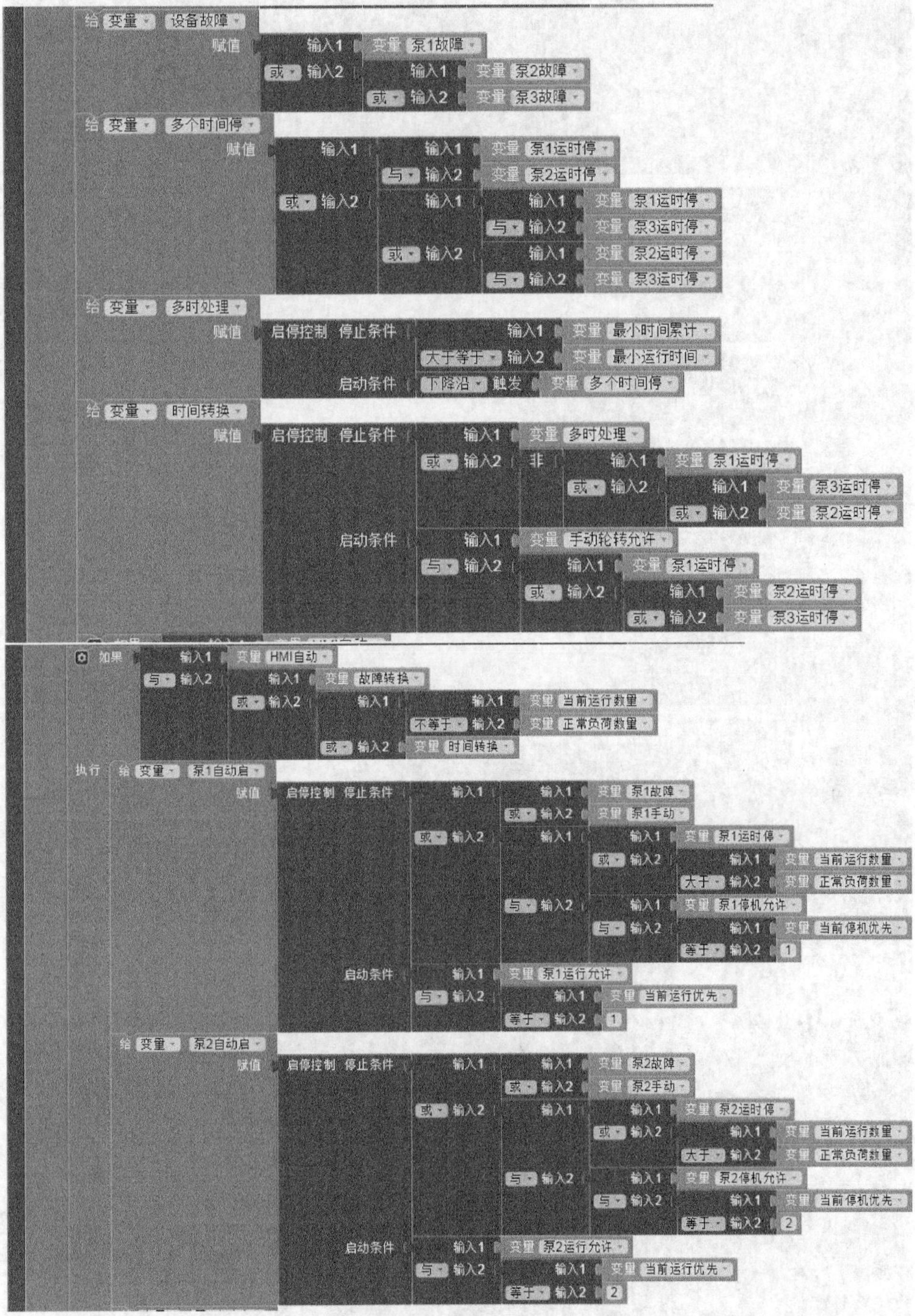

图 6-25　逻辑图绘制（八）

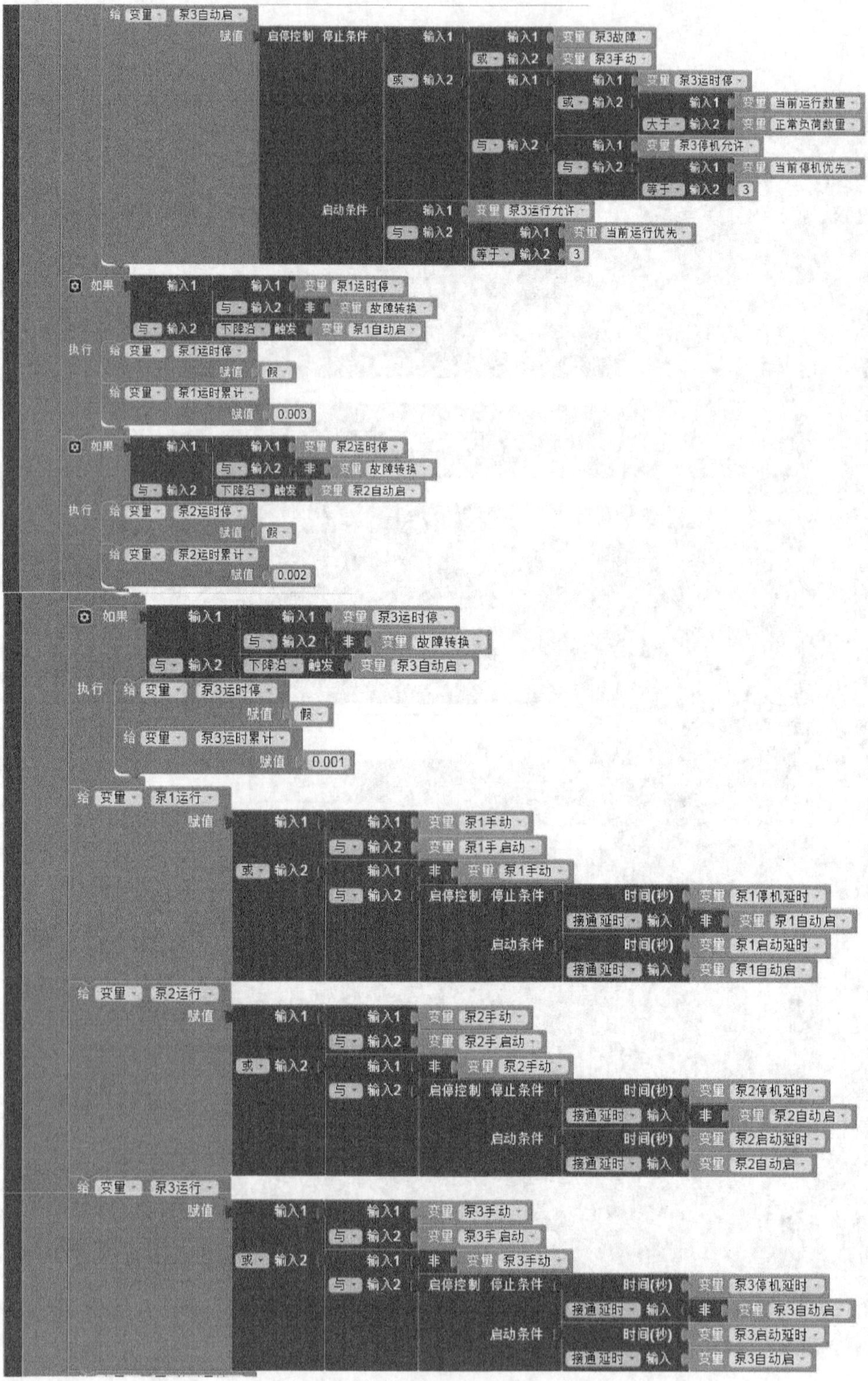
给 变量 泵3自动启
赋值 启停控制 停止条件 输入1 输入1 变量 泵3故障
或 输入2 变量 泵3手动
或 输入2 输入1 输入1 变量 泵3运时停
或 输入2 输入1 变量 当前运行数量
大于 输入2 变量 正常负荷数量
与 输入2 输入1 变量 泵3停机允许
与 输入2 输入1 变量 当前停机优先
等于 输入2 3
启动条件 输入1 变量 泵3运行允许
与 输入2 输入1 变量 当前运行优先
等于 输入2 3
如果 输入1 输入1 变量 泵1运时停
与 输入2 非 变量 故障转换
与 输入2 下降沿 触发 变量 泵1自动启
执行 给 变量 泵1运时停
赋值 假
给 变量 泵1运时累计
赋值 0.003
如果 输入1 输入1 变量 泵2运时停
与 输入2 非 变量 故障转换
与 输入2 下降沿 触发 变量 泵2自动启
执行 给 变量 泵2运时停
赋值 假
给 变量 泵2运时累计
赋值 0.002
如果 输入1 输入1 变量 泵3运时停
与 输入2 非 变量 故障转换
与 输入2 下降沿 触发 变量 泵3自动启
执行 给 变量 泵3运时停
赋值 假
给 变量 泵3运时累计
赋值 0.001
给 变量 泵1运行
赋值 输入1 输入1 变量 泵1手动
与 输入2 变量 泵1手启动
或 输入2 输入1 非 变量 泵1手动
与 输入2 启停控制 停止条件 时间(秒) 变量 泵1停机延时
接通延时 输入 非 变量 泵1自动启
启动条件 时间(秒) 变量 泵1启动延时
接通延时 输入 变量 泵1自动启
给 变量 泵2运行
赋值 输入1 输入1 变量 泵2手动
与 输入2 变量 泵2手启动
或 输入2 输入1 非 变量 泵2手动
与 输入2 启停控制 停止条件 时间(秒) 变量 泵2停机延时
接通延时 输入 非 变量 泵2自动启
启动条件 时间(秒) 变量 泵2启动延时
接通延时 输入 变量 泵2自动启
给 变量 泵3运行
赋值 输入1 输入1 变量 泵3手动
与 输入2 变量 泵3手启动
或 输入2 输入1 非 变量 泵3手动
与 输入2 启停控制 停止条件 时间(秒) 变量 泵3停机延时
接通延时 输入 非 变量 泵3自动启
启动条件 时间(秒) 变量 泵3启动延时
接通延时 输入 变量 泵3自动启

图 6-25　逻辑图绘制（九）

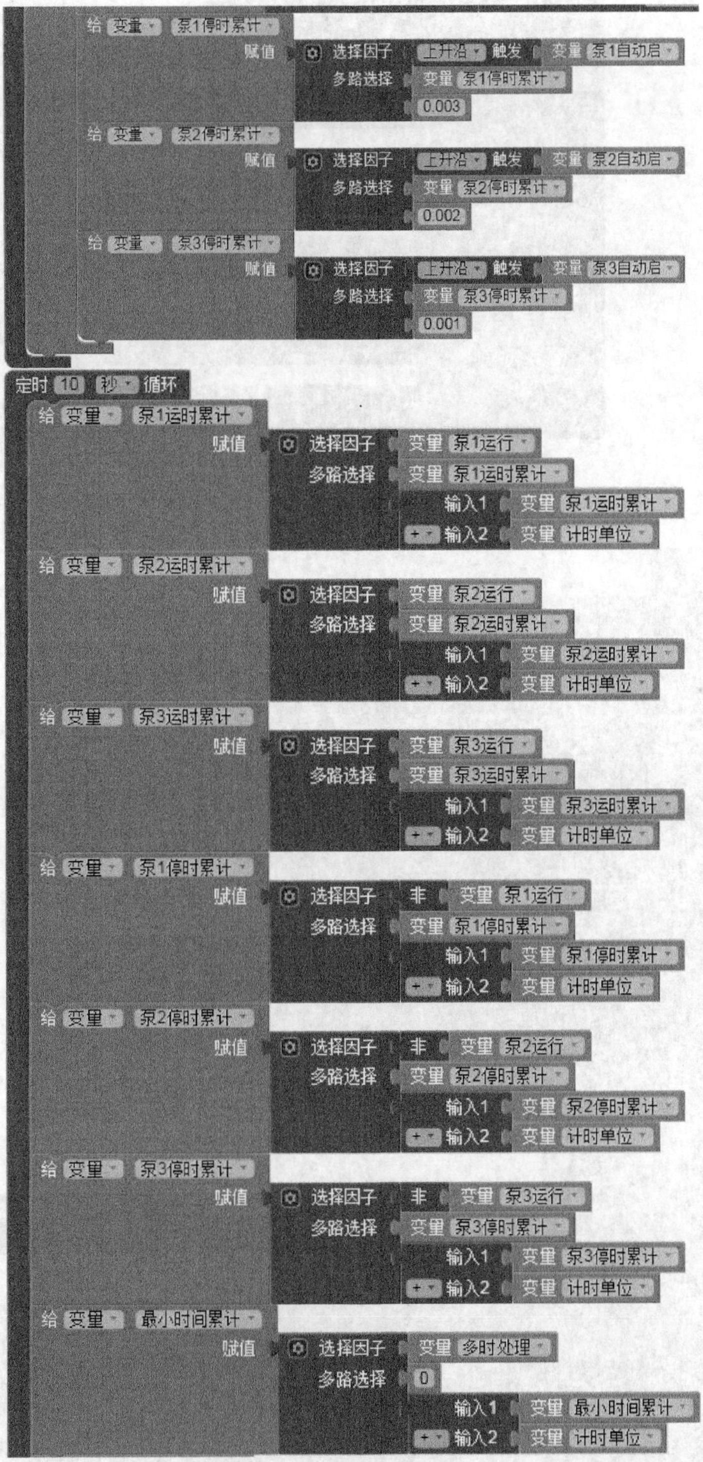
给 变量 泵1停时累计
赋值 选择因子 上升沿 触发 变量 泵1自动启
多路选择 变量 泵1停时累计
0.003
给 变量 泵2停时累计
赋值 选择因子 上升沿 触发 变量 泵2自动启
多路选择 变量 泵2停时累计
0.002
给 变量 泵3停时累计
赋值 选择因子 上升沿 触发 变量 泵3自动启
多路选择 变量 泵3停时累计
0.001
定时 10 秒 循环
给 变量 泵1运时累计
赋值 选择因子 变量 泵1运行
多路选择 变量 泵1运时累计
输入1 变量 泵1运时累计
输入2 变量 计时单位
给 变量 泵2运时累计
赋值 选择因子 变量 泵2运行
多路选择 变量 泵2运时累计
输入1 变量 泵2运时累计
输入2 变量 计时单位
给 变量 泵3运时累计
赋值 选择因子 变量 泵3运行
多路选择 变量 泵3运时累计
输入1 变量 泵3运时累计
输入2 变量 计时单位
给 变量 泵1停时累计
赋值 选择因子 非 变量 泵1运行
多路选择 变量 泵1停时累计
输入1 变量 泵1停时累计
输入2 变量 计时单位
给 变量 泵2停时累计
赋值 选择因子 非 变量 泵2运行
多路选择 变量 泵2停时累计
输入1 变量 泵2停时累计
输入2 变量 计时单位
给 变量 泵3停时累计
赋值 选择因子 非 变量 泵3运行
多路选择 变量 泵3停时累计
输入1 变量 泵3停时累计
输入2 变量 计时单位
给 变量 最小时间累计
赋值 选择因子 变量 多时处理
多路选择 0
输入1 变量 最小时间累计
输入2 变量 计时单位

图 6-25　逻辑图绘制（十）

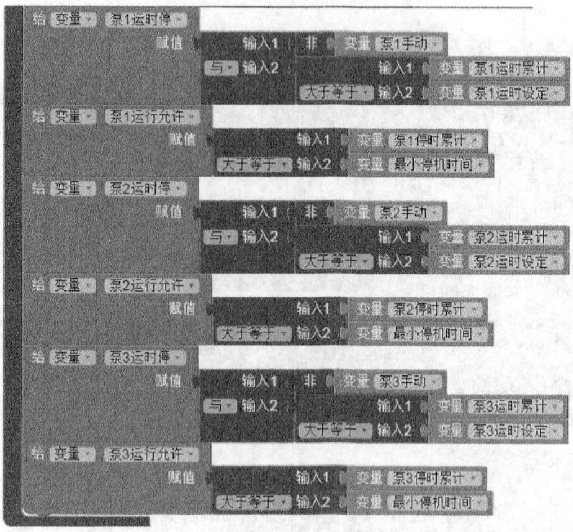

图 6-25　逻辑图绘制（十一）

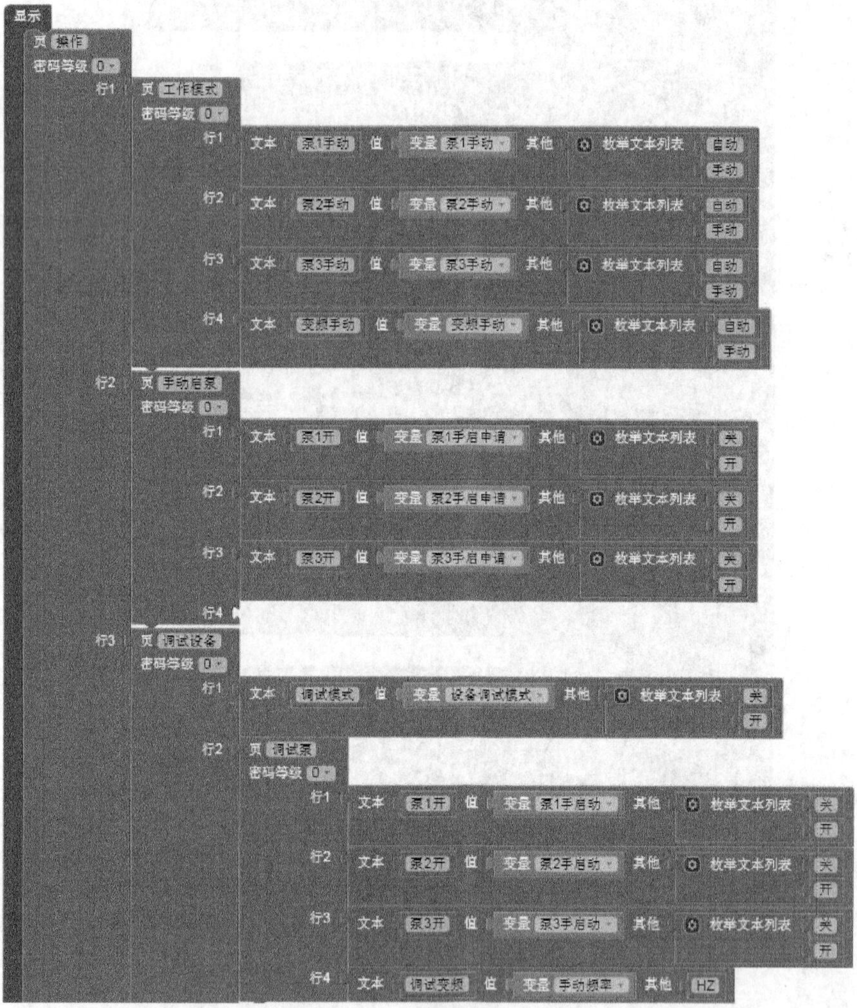

图 6-26　HMI 显示编程（一）

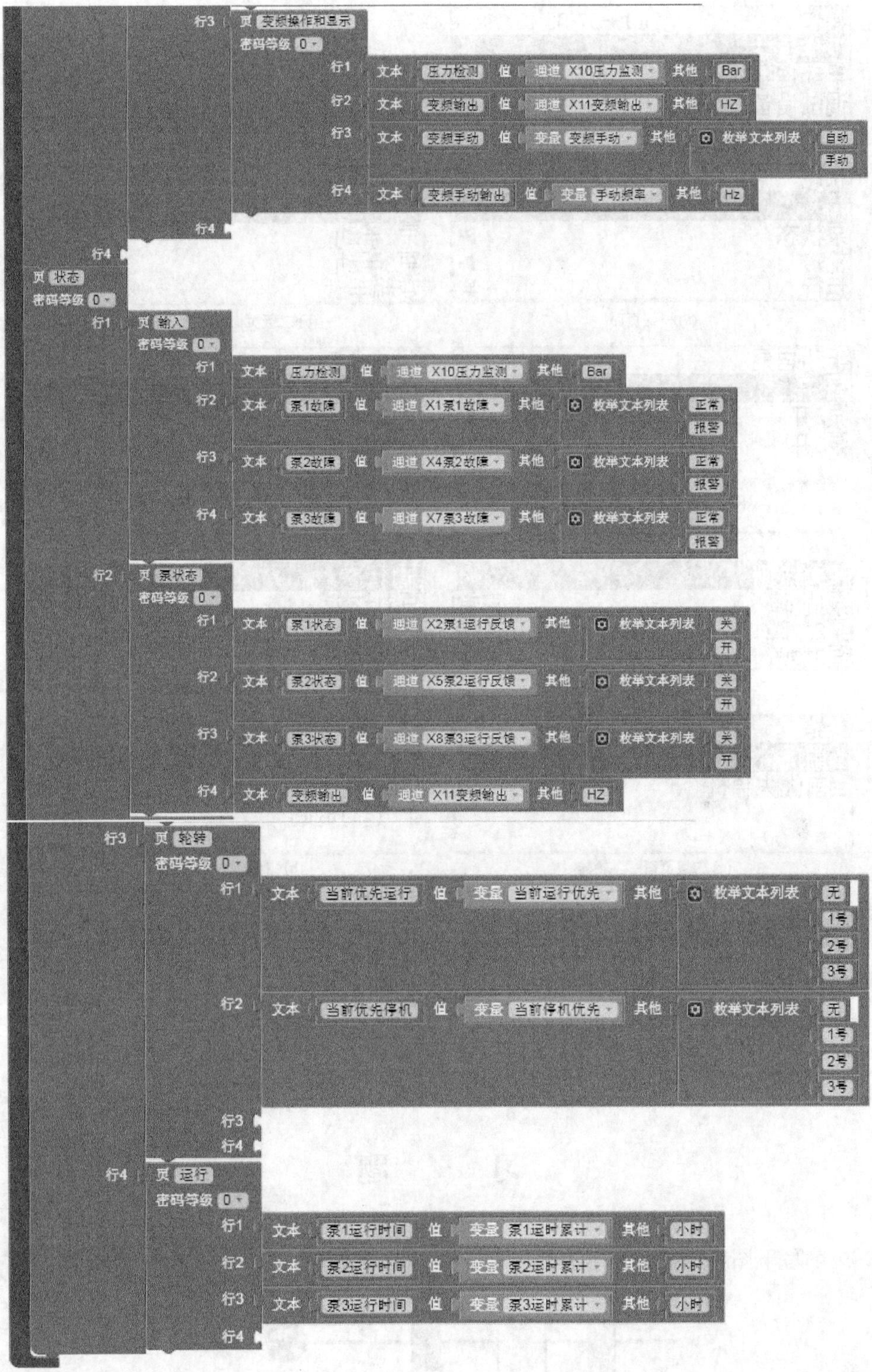
行3 页 变频操作和显示
密码等级 0
行1 文本 压力检测 值 通道 X10压力监测 其他 Bar
行2 文本 变频输出 值 通道 X11变频输出 其他 HZ
行3 文本 变频手动 值 变量 变频手动 其他 枚举文本列表 自动 手动
行4 文本 变频手动输出 值 变量 手动频率 其他 Hz
行4
行4
页 状态
密码等级 0
行1 页 输入
密码等级 0
行1 文本 压力检测 值 通道 X10压力监测 其他 Bar
行2 文本 泵1故障 值 通道 X1泵1故障 其他 枚举文本列表 正常 报警
行3 文本 泵2故障 值 通道 X4泵2故障 其他 枚举文本列表 正常 报警
行4 文本 泵3故障 值 通道 X7泵3故障 其他 枚举文本列表 正常 报警
行2 页 泵状态
密码等级 0
行1 文本 泵1状态 值 通道 X2泵1运行反馈 其他 枚举文本列表 关 开
行2 文本 泵2状态 值 通道 X5泵2运行反馈 其他 枚举文本列表 关 开
行3 文本 泵3状态 值 通道 X8泵3运行反馈 其他 枚举文本列表 关 开
行4 文本 变频输出 值 通道 X11变频输出 其他 HZ
行3 页 轮转
密码等级 0
行1 文本 当前优先运行 值 变量 当前运行优先 其他 枚举文本列表 无 1号 2号 3号
行2 文本 当前优先停机 值 变量 当前停机优先 其他 枚举文本列表 无 1号 2号 3号
行3
行4
行4 页 运行
密码等级 0
行1 文本 泵1运行时间 值 变量 泵1运时累计 其他 小时
行2 文本 泵2运行时间 值 变量 泵2运时累计 其他 小时
行3 文本 泵3运行时间 值 变量 泵3运时累计 其他 小时
行4

图 6-26　HMI 显示编程（二）

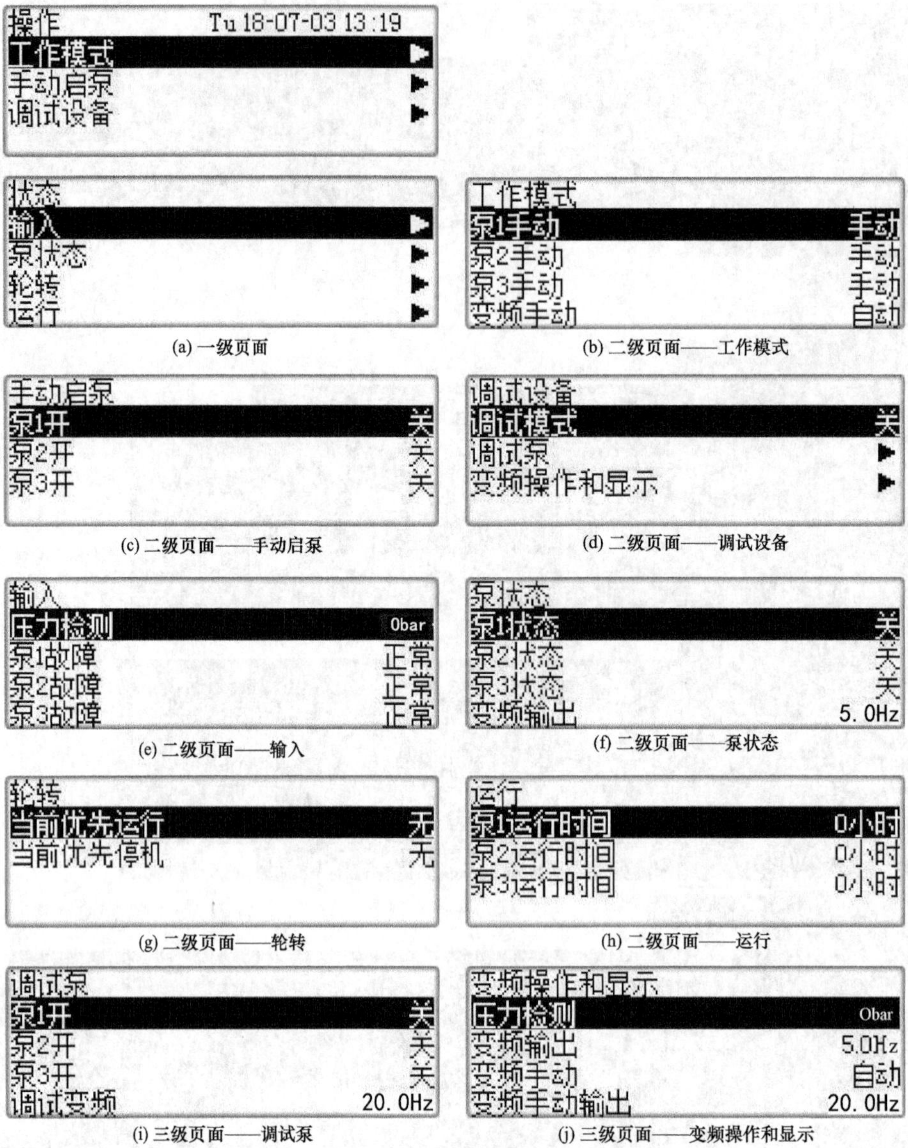

(a) 一级页面 (b) 二级页面——工作模式

(c) 二级页面——手动启泵 (d) 二级页面——调试设备

(e) 二级页面——输入 (f) 二级页面——泵状态

(g) 二级页面——轮转 (h) 二级页面——运行

(i) 三级页面——调试泵 (j) 三级页面——变频操作和显示

图 6-27 HMI 模拟显示

习 题

1. 填写下图新风机组控制表格。

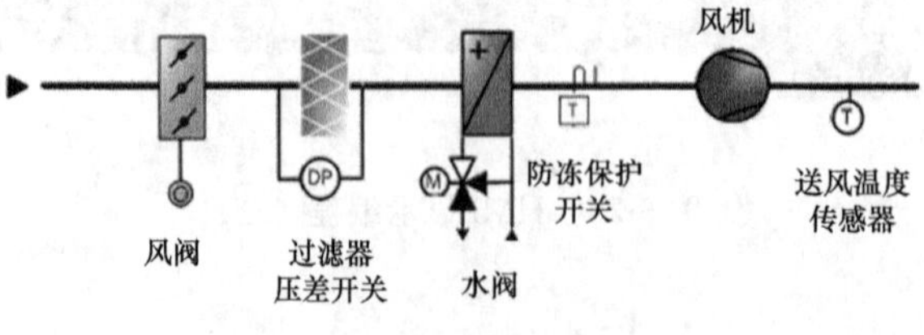

名称	信号类型	信号量程	RWG 接线端
送风温度	AI：NI1000	−50～150℃	RWG1-X1
风机压差开关	DI		RWG1-X2
过滤压差开关		常开	RWG1-X3
防冻保护开关	DI	常开	RWG1-X4
送风机手自动	DI	常开	RWG1-X5
送风机运行状态			RWG1-X6
送风机故障报警		常开	RWG1-X7
机组开关	DI	常开	RWG1-X8
水阀输出	AO：0～10V	0～100%	RWG1-X9
新风阀输出	DO	常开	RWG1-X10
送风机启停			RWG1-X11
故障报警输出		常开	RWG1-X12

Sp#	具体说明	类型	默认值	最小值	最大值	掉电保存
001	送风温度设定	模拟		0℃	100℃	
002	冬夏转换		1（夏）	0（冬）	1（夏）	√

Alarm #	报警说明	报警来源及逻辑描述	复位	相应动作	严重故障报警
001	送风温度探头故障	传感器：通道故障码不为 0 则报警	自动		√
002	防冻保护报警		自动	风机停机，热水阀开到最大	√
003	过滤器脏堵报警	DI：当送风机开机 30s 后检测，过滤器压差开关仍闭合		仅提示	×
004		DI：送风机故障闭合	自动	机组停机	√
005	风机缺风故障	DI：当送风机开机 30s 后检测，风机压差开关仍闭合	手动	机组停机	√
006					

2. 说明新风机组控制应用的基本逻辑。

3. 根据习题 1、习题 2，完成新风机组控制的逻辑编程、HMI 编程、离线模拟，并将程序下载到 RWG 实验箱中进行调试。

4. 填写下图换热机组控制表格。

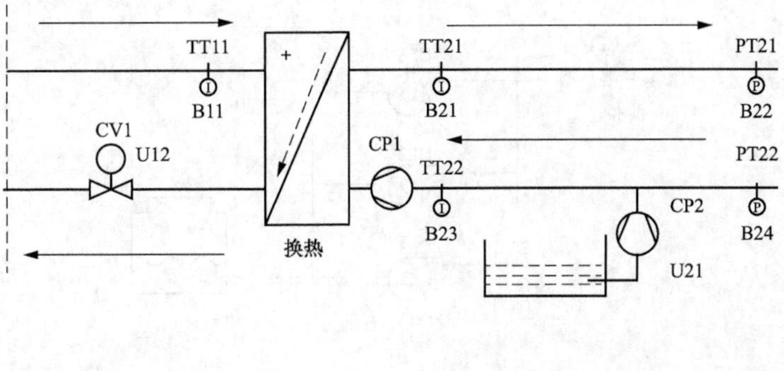

图例	名称	图例	名称
CV1	一次蒸汽阀门输出	CP1	二次循环泵
TT21	二次供水温度	CP2	二次补水泵
TT22	二次回水温度	PT21	二次供水压力
		PT22	二次回水压力

图例	名称	信号类型	信号量程	FID 现场设备	RWG 接线端
TT21	二次供水温度	AI：NI1000	−50～150℃	QAE2120	RWG1-X1
PT21	二次供水压力	AI：0～10V	0～10bar	QBE2003-P10	RWG1-X2
TT22	二次回水温度	AI：NI1000	−50～150℃	QAE2120	RWG1-X3
PT22	二次回水压力	AI：0～10V	0～10bar	QBE2003-P10	RWG1-X4
	循环泵运行状态	DI	常开		RWG1-X5
	循环泵故障	DI	常开		RWG1-X6
	补水泵运行状态	DI	常开		RWG1-X7
	补水泵故障	DI	常开		RWG1-X8
CV1	一次蒸汽阀输出	AO：0～10V	0～100%	SKC62＋VVF429	RWG1-X9
CP1	循环泵启停控制	DO	常开		RWG1-X10
CP2	补水泵启停控制	DO	常开		RWG1-X11
	故障报警输出	DO	常开		RWG1-X12

Sp#	具体说明	类型	默认值	最小值	最大值	掉电保存
001	二次供水温度设定	模拟	50℃	0℃	100℃	√
002	循环泵停机供水压力设定	模拟	6bar	0bar	20bar	√
003	循环泵停机回水压力设定	模拟	0.5bar	0bar	20bar	√
004	补水泵启动回水压力设定	模拟	2.5bar	0bar	20bar	√
005	补水泵停机回水压力设定	模拟	2.8bar	0bar	20bar	√
006	回路控制 Kp	模拟	10	0	100	√
007	回路控制 Ti	模拟	60	0	3000	√
008	HMI 机组开关	数字	0（关）	0（关）	1（开）	×

5. 说明换热机组控制应用的基本逻辑。

6. 按照习题 4、习题 5，完成新风机组控制的逻辑编程、HMI 编程、离线模拟，并将程序下载到 RWG 实验箱中进行调试。

7. 填写下图恒压供水控制表格。

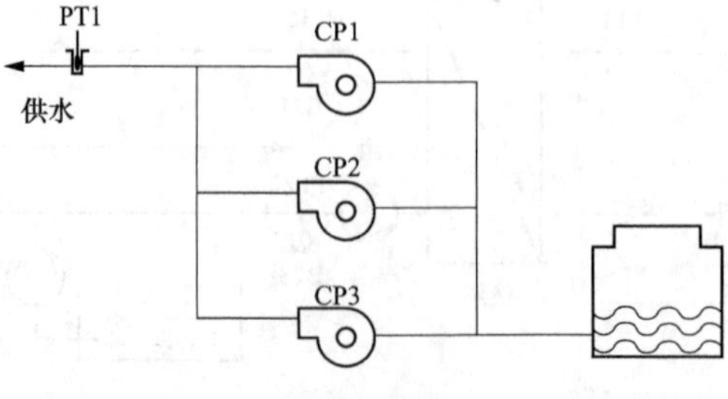

图例	名称	信号类型	信号量程	FID 现场设备	RWG 接线端
CP1	X1 泵 1 故障	DI	常开		RWG1-X1
CP1	X2 泵 1 运行反馈	DI	常开		RWG1-X2
CP1	X3 泵 1 启动	DO	常开		RWG1-X3
CP2	X4 泵 2 故障	DI	常开		RWG1-X4
CP2	X5 泵 2 运行反馈	DI	常开		RWG1-X5
CP2	X6 泵 2 启动	DO	常开		RWG1-X6
CP3	X7 泵 3 故障	DI	常开		RWG1-X7
CP3	X8 泵 3 运行反馈	DI	常开		RWG1-X8
CP3	X9 泵 3 启动	DO	常开		RWG1-X9
PT1	X10 压力监测	AI：0～10V	0～10bar	QBE2003-P10	RWG1-X10
	X11 变频输出	AO：0～10V	0～50Hz		RWG1-X11
	X12	DO	常开		RWG1-X12

Sp#	具体说明	类型	默认值	最小值	最大值	掉电保存
001	泵 1 启动延时	模拟	0s	0s	1000s	
002	泵 1 停机延时	模拟	0s	0s	1000s	
003	泵 1 运时累计	模拟	0h	0h	1000h	
004	泵 1 运时设定	模拟	10h	0h	200h	
005	泵 1 运时停	数字	0（关）	0（关）	1（开）	
006	泵 1 自动启	数字	0（关）	0（关）	1（开）	
007	泵 1 运行	数字	0（关）	0（关）	1（开）	
008	泵 2 启动延时	模拟	0s	0s	1000s	
009	泵 2 停机延时	模拟	0s	0s	1000s	
010	泵 2 运时累计	模拟	0h	0h	1000h	
011	泵 2 运时设定	模拟	10h	0h	200h	
012	泵 2 运时停	数字	0（关）	0（关）	1（开）	
013	泵 2 自动启	数字	0（关）	0（关）	1（开）	
014	泵 2 运行	数字	0（关）	0（关）	1（开）	
015	泵 3 启动延时	模拟	0s	0s	1000s	
016	泵 3 停机延时	模拟	0s	0s	1000s	
017	泵 3 运时累计	模拟	0h	0h	1000h	
018	泵 3 运时设定	模拟	10h	0h	200h	
019	泵 3 运时停	数字	0（关）	0（关）	1（开）	
020	泵 3 自动启	数字	0（关）	0（关）	1（开）	
021	泵 3 运行	数字	0（关）	0（关）	1（开）	
022	压力设定	模拟	4bar	0bar	10bar	

续表

Sp#	具体说明	类型	默认值	最小值	最大值	掉电保存
023	最小频率	模拟	25Hz	0Hz	50Hz	
024	HMI 自动	数字	0（手动）	0（手动）	1（自动）	
025	轮转处理	数字	0（关）	0（关）	1（开）	
026	压力值	模拟	0bar	0bar	10bar	
027	输出频率	模拟	0Hz	0Hz	50Hz	
028	计时单位	模拟	0.5	0	1000	
029	泵 1 手启动	数字	0（关）	0（关）	1（开）	
030	泵 2 手启动	数字	0（关）	0（关）	1（开）	
031	泵 3 手启动	数字	0（关）	0（关）	1（开）	
032	设备调试模式	数字	0（关）	0（关）	1（开）	
033	时间转换	数字	0（关）	0（关）	1（开）	
034	故障转换	数字	0（关）	0（关）	1（开）	
035	设备故障	数字	0（正常）	0（正常）	1（报警）	
036	多个时间停	数字	0（关）	0（关）	1（开）	
037	最小运行时间	模拟	2h	0h	1000h	
038	最小时间累计	模拟	0h	0h	1000h	
039	多时处理	数字	0（关）	0（关）	1（开）	
040	变频手动	数字	0（自动）	0（自动）	1（手动）	
041	泵 1 停时累计	模拟	0.003h	0h	1000h	
042	泵 2 停时累计	模拟	0.002h	0h	1000h	
043	泵 3 停时累计	模拟	0.001h	0h	1000h	
044	当前运行优先	模拟	0	0	3	
045	当前停机优先	模拟	0	0	3	
046	泵 1 运行允许	数字	0（关）	0（关）	1（开）	
047	泵 2 运行允许	数字	0（关）	0（关）	1（开）	
048	泵 3 运行允许	数字	0（关）	0（关）	1（开）	
049	泵 1 停机允许	数字	0（关）	0（关）	1（开）	
050	泵 2 停机允许	数字	0（关）	0（关）	1（开）	
051	泵 3 停机允许	数字	0（关）	0（关）	1（开）	
052	正常负荷数量	模拟	2	0	3	
053	设计负荷数量	模拟	3	0	3	
054	最小停机时间	模拟	1h	0h	1000h	
055	当前运行数量	模拟	2	0	3	
056	手动频率	模拟	0Hz	0Hz	50Hz	
057	泵 1 临时	模拟	0h	0h	1000h	

续表

Sp#	具体说明	类型	默认值	最小值	最大值	掉电保存
058	泵 2 临时	模拟	0h	0h	1000h	
059	泵 3 临时	模拟	0h	0h	1000h	
060	泵 1 手动	数字	0（手动）	0（手动）	1（自动）	
061	泵 2 手动	数字	0（手动）	0（手动）	1（自动）	
062	泵 3 手动	数字	0（手动）	0（手动）	1（自动）	
063	泵 1 故障	数字	0（正常）	0（正常）	1（报警）	
064	泵 2 故障	数字	0（正常）	0（正常）	1（报警）	
065	泵 3 故障	数字	0（正常）	0（正常）	1（报警）	
066	泵 1 手启申请	数字	0（关）	0（关）	1（开）	
067	泵 2 手启申请	数字	0（关）	0（关）	1（开）	
068	泵 3 手启申请	数字	0（关）	0（关）	1（开）	
069	手动轮转允许	数字	0（关）	0（关）	1（开）	
070	全自动	数字	0（手动）	0（手动）	1（自动）	
071	手动模式数量	模拟	0	0	3	
072	手动运行数量	模拟	0	0	3	

Alarm #	报警说明	报警来源及逻辑描述	复位	相应动作	严重故障报警
001	泵 1 故障	水泵故障	自动	泵 1 停机	√
002	泵 2 故障	水泵故障	自动	泵 2 停机	√
003	泵 3 故障	水泵故障报警	自动	泵 3 停机	√

8. 说明恒压供水控制应用的基本逻辑。

9. 按照习题 7、习题 8，完成恒压供水控制的逻辑编程、HMI 编程、离线模拟，并将程序下载到 RWG 实验箱中进行调试。

10. 使用 RWG 实验箱编写一个公用交通灯的控制逻辑。

11. 使用 RWG 实验箱编写一个声光照明控制的逻辑。

第 7 章　RWG 控制器与物联网的结合

7.1　RWG 与 NB-IoT 在农业互联网的实现

7.1.1　农业生产现状分析

中国是世界上最大的发展中国家之一，其特殊的国情决定了农业在中国具有远比世界上其他国家更为重要的地位。当前我们农业发展仍存在一些问题，主要表现在以下方面。

（1）产量小，种植效率低，土地特别是耕地资源不断减少，限制了我国农产品产量。

（2）农产品质量无从查询，没有整体农业的产业链，现在的状态是种什么吃什么，不是需要什么种什么。

（3）农产品生产成本不断上升，收益持续下降，自动化普及率低。

（4）种植数据和经验得不到有效的积累，缺少大数据的统计分析，减少了提升产量和质量的机会。

7.1.2　解决方案和技术实现手段

解决方案和技术实现手段如图 7-1 所示。

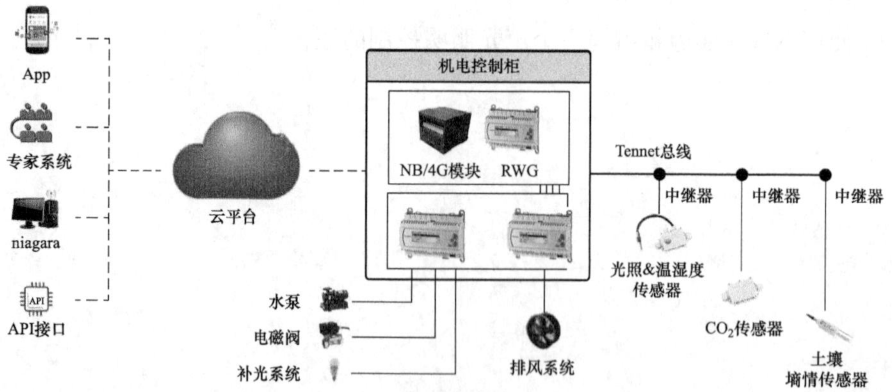

图 7-1　基于 RWG 控器形成的四大系统

针对目前农业的问题，基于 RWG 控制器形成四大系统作为解决方案和技术手段，分别是农业物联网监控系统、农产品追溯系统、可视化运维系统和智慧农业云平台。

1. 农业物联网监控系统

采用 NB-IoT 技术与 RWG 控制器结合，使传统有线的 RWG 控制器变为无线通信。通过在现场部署传感器、控制器、摄像头等多种物联网设备，实现对现场环境指数实时监测展示、自动报警，同时实现远程自动控制生产现场的灌溉、通风、降温、增温等设施设备。

2. 农产品追溯系统

利用先进的 NB-IoT、一物一码等技术搭建的农产品安全溯源系统，可以为每一份农产品制作溯源档案，是消费者购买农产品的溯源依据。

3. 可视化运维系统

利用 U3D 技术，将温室/大田三维建模，通过物联网技术将现场各类数据在模型中实时显示，运维人员可通过带有触摸功能的屏幕随时查看现场情况，并可控制操作各类设施。

4. 智慧农业云平台

将 NB-IoT、云计算等信息技术与传统农业生产相结合搭建的农业智能化、标准化生产服务平台，帮助用户构建一个“从生产到销售，从农田到餐桌”的农业智能化信息服务体系。

7.1.3　智慧农业系统

1. 环境实时监测

气象数据：空气温度、空气湿度、光照时长、光照强度、风速、风向、二氧化碳浓度；

土壤数据：温度、含水率、pH 值、EC 值；

设备状态：水泵压力、水肥流量、设备运行记录、设备异常。

2. 动态视频监控

安装 360°视频监控设备以及高清摄像机，用户可以实时对作物情况、农产品生产情况进行远程查看，同时可进行视频录像、视频回放。

3. 设备远程控制

在系统设定监控条件后，可实现传感联动自动控制，无须人工参与，即可根据设定条件远程控制生产现场的设备，自动实现灌溉、遮阳、补光、通风等操作。用户也可通过手机在系统中进行手动远程控制。

7.2 RWG 与 LoRa 的结合应用实现

7.2.1 RWG 与 LoRa 在智慧温室中的实现

LoRa 的终端节点可能是各种设备，比如水表、气表、烟雾报警器、宠物跟踪器等。这些节点通过 LoRa 无线通信首先与 LoRa 网关连接，再通过 3G 网络或者以太网络，连接到网络服务器中。网关与网络服务器之间通过 TCP/IP 通信。

正是由于 LoRa 无线传输技术的特点，使其在农业物联网领域得到了极大的应用。下面将展示 RWG 与 LoRa 在智慧温室中的物联网实现。

7.2.2 RWG 与 LoRa 的连接拓扑图

在图 7-2 中，RWG 的 RS485 接口与 LoRa 转 RS485 的协议转换器连接，而 RWG 的采集控制接口则连接温室里的各种农业传感器和控制设备，然后通过 LoRa

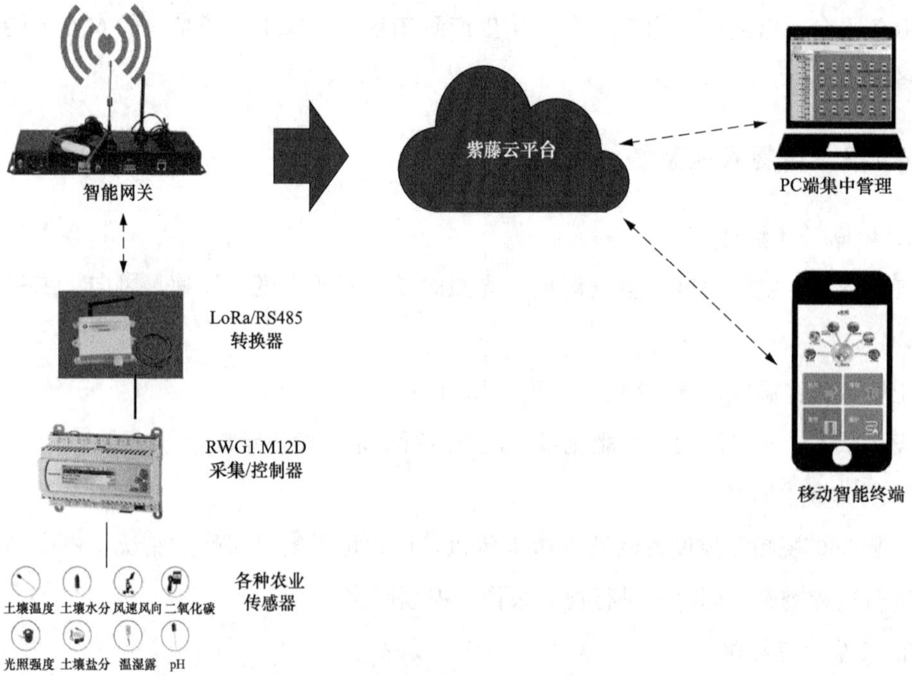

图 7-2 RWG 与 LoRa 的连接拓扑图

无线通信技术将数据与智能网关连接在一起，智能网关对下通过 LoRa 连接 RWG，对上则通过 3G/4G 或宽带连接云端服务器，而云则作为数据中心节点，再连接 PC 或移动智能终端，这样就构成了一个完整的物联网网络。云端可以通过与 PC 或移动智能终端的配合，根据 RWG 送上来的各种传感数据，设置智能温室控制策略，或者手动控制操作命令，然后再通过 RWG 的控制输出接口控制温室内前端的设备动作，调节温室内各种参数，按照要求营造出适合温室内种植的作物最佳生长环境来。RWG 的控制输出端的各种动作，都按照 LoRa 连接的网关给出其指令进行执行。

7.3　RWG 与 WB-IoT 在智慧管廊的实现

城市地下综合管廊是统筹利用地下空间、提高城市综合承载力、改善居住环境的有效工程。其作为一种集合多种类型地下管线于一体的城市基础设施工程，被称作城市的“血管”和“神经”，日夜担负着输送介质、能量和传输信息的功能。而智慧管廊是以各类智能化监控设备为基础，融合数据分析和应用为手段，结合智能传感、3S（GIS、GPS、RS）和三维建模等技术，实现对管廊各类信息的快速、准确、可靠的收集与处理，并在统一的信息管理平台上展现和操作。

7.3.1　智慧管廊的优势

1. 高安全性

隧道的特殊结构需要及时发现隐患，第一时间处置，尽可能降低风险；遇险时能够及时指导现场处理，将损失降到最低。

2. 优化管理提升效率

借助数字化的支撑、有效的管理工具，通过能源控制、设备维护以及人员管理逐步降低成本，形成良性循环。

3. 支持全新业务及商业模式

无线架构解决方案非常方便系统硬件扩展，统一数据平台及开放的数据接口方便业务扩展。

4. 积累大数据固化运维经验

人员的流动及经验的不同会导致管理的效果波动，通过信息化手段将经验固化到系统中，减少对人员的依赖，可以保障管理的持续稳定。

7.3.2 智慧管廊系统和功能架构

（1）智慧管廊系统架构图见图 7-3。

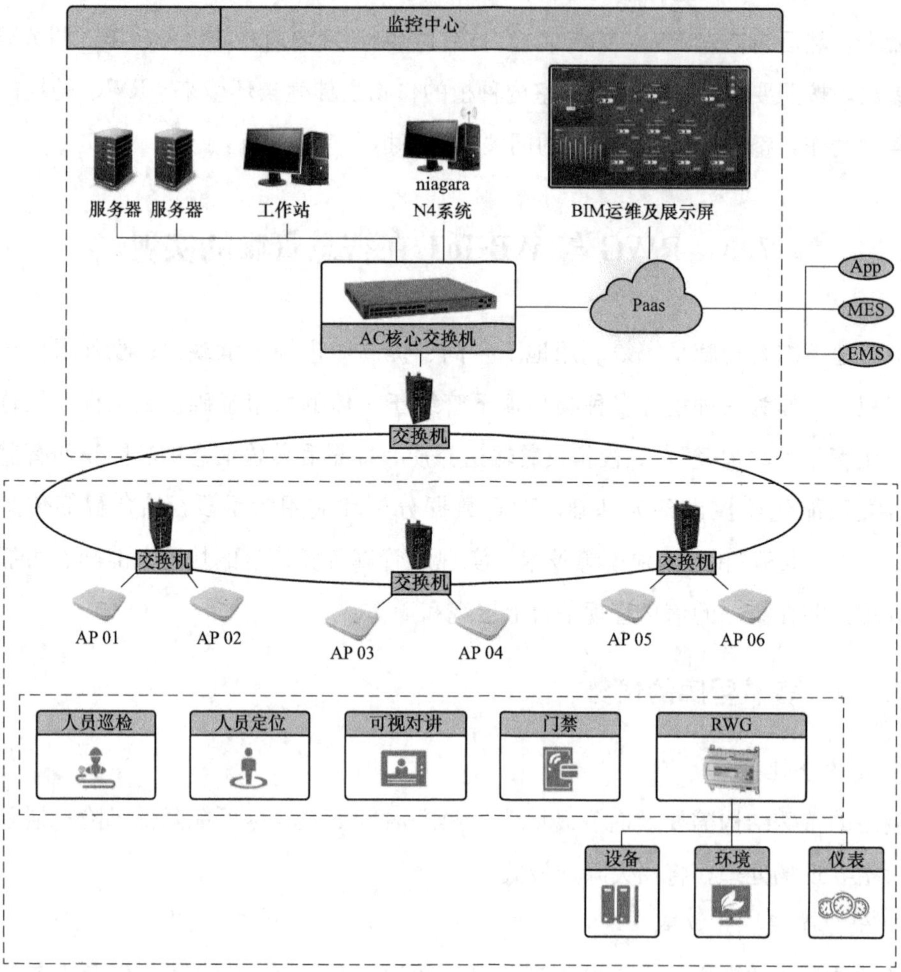

图 7-3 智慧管廊系统架构图

（2）智慧管廊功能架构图见图 7-4。

7.3.3 技术说明

1. 两化融合

（1）互联网＋物联网是两化融合的基础。

（2）信息化对应的是互联网，工业化对应的是物联网。

（3）为了便于实施及两网融合，采用了无线解决方案。

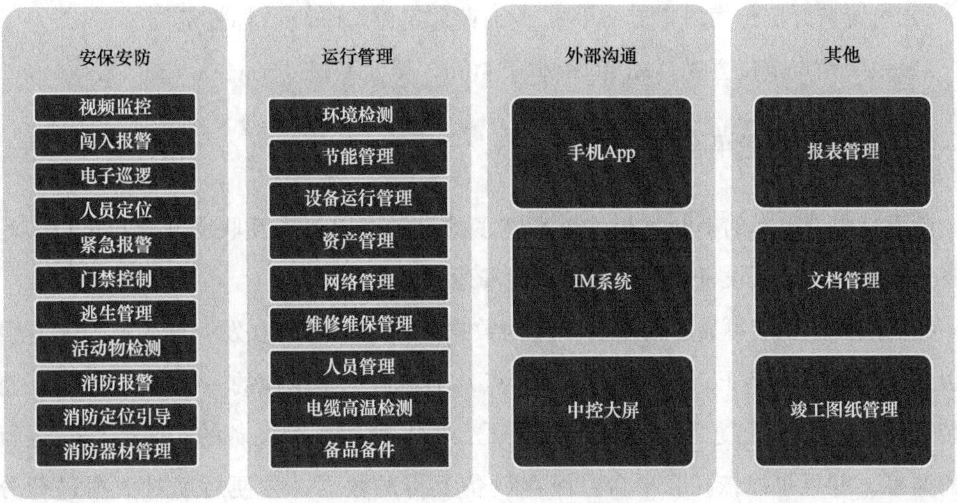

图 7-4　智慧管廊功能架构图

(4) 信息化实现由华为及太极联合开发的宽带物联网 AP 来实现。

(5) 工业化通过 RWG 作为边缘计算核心设备，支持无线通信。

两化融合如图 7-5 所示。

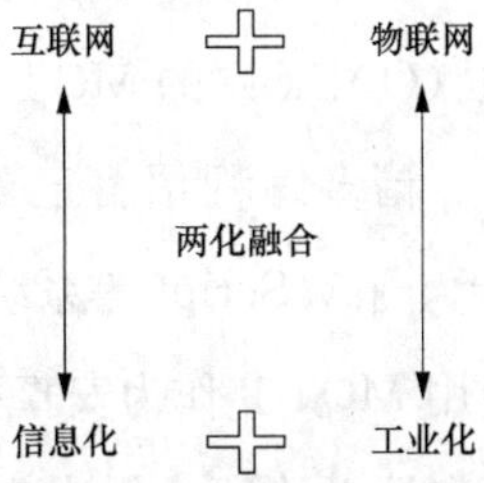

图 7-5　互联网+物联网两化融合架构图

2. 接入服务

(1) Wi-Fi 接入服务。

1) 支持手机、PC、PAD、Wi-Fi 摄像头、Wi-Fi 广播系统的接入。提供 2.4G 和 5G 无线连接。

2) 支持的最大稳定连接数为 64 个。

3) 支持 Wi-Fi 信号覆盖范围：无遮挡半径为 20m。

4) 支持 Access Point（无线访问节点）之间无缝漫游，切换时间小于 10ms。

(2) IoT 接入服务。

1) 支持智能无线 DDC、IoT 智能采集模块、智能仪表、智能控制单元等设备无线接入。

2) 支持最大稳定连接数为 600 个，mesh（无线网格网络）组网，长连接，自路由最大为 28 跳，上电入网时间小于 30ms。

3) 支持无线覆盖范围为 30m。

(3) 蓝牙定位服务。

1）内置蓝牙定位模块，支持手机 App 蓝牙定位，Beacon 标签定位。

2）采用两点定位方式，AP 间距小于 40m，精度不超过 5m。

7.3.4　大数据平台

随着物联网技术的不断发展，越来越多的设备可以接入互联网，用户可以实现对设备的远程控制，及设备的数据采集存储和运行监控。

我们架设了稳定可靠的云平台，作为数据及控制信息的收发存储中心。所有设备可以通过华为 Access Point（无线访问节点）上传数据至本地的 AC，由 AC 统一将数据传送到云平台。通过 PC、手机接入云平台，实现对各个设备的实时控制及运行状态的监控。并且可以依托云平台，保存设备上传的数据，方便后期对数据进行分析处理。

PC、手机、云平台使用了 MQTT3.1.1 协议规范，规范由结构化信息标准促进组织（OASIS）的 MQTT 技术委员会制定。OASIS 为全球主要标准制定组织之一。

诸多编程语言已经支持使用 MQTT 协议。可以通过 PHP、Java、Python、C、C#、JavaScript 等系统语言来向 MQTT 云服务器发送相关消息。国内很多企业都广泛使用 MQTT 作为安卓手机客户端与服务器端推送消息的协议。支持 SSL/TLS 单项及双向证书认证，可让数据在公网加密传输，保证数据安全。

云平台前端搭建为双机冗余系统，后台数据库为三台服务器提供的高可用集群。前端平台和后端的数据库平台具有强大的扩容能力。前端服务器单机最高可实现 100 万 MQTT 并发连接的服务能力，前端集群极限服务能力可扩容到 10 台服务器 1000 万并发连接。后端数据库集群最高可扩容到 9 台服务器，形成非常健壮的数据处理系统。

云平台现在用得比较多的为阿里云、腾讯云等，主要产生的费用有服务器租用费、流量费及人员维护费。

7.3.5　能效管理平台

系统按照用能单位、次级用能单位以及重点用能设备来划分用能单元，以采集的计量点数据为基础，根据国家标准、行业标准等结合企业实际情况，建立一系列指标，并对指标进行核算、监督、分析、掌控、反馈，最终将其优化到最佳水平。

图 7-6 是能效管理系统的登录画面，输入用户名、密码后即可登录。

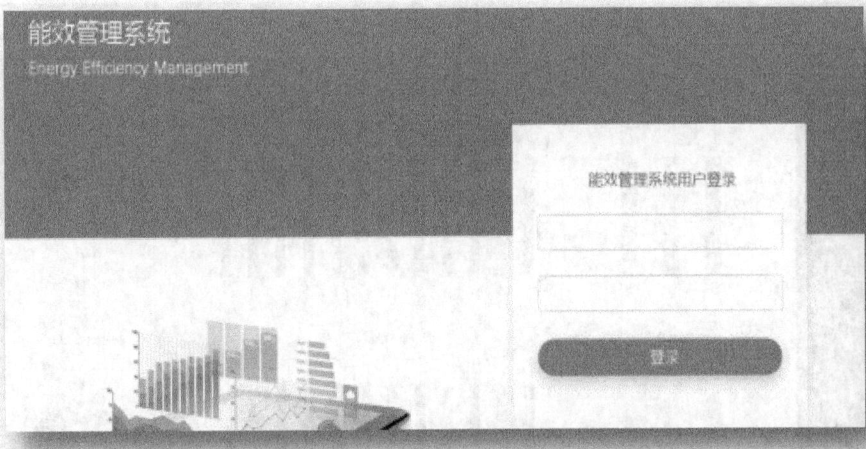

图 7-6　能效管理平台登录画面

进入到能效管理系统后，首先进入的是能效看板，如图 7-7 所示。用户可以选择能效跟踪、CO_2 排放量、能效对比具体查看本单位的能源情况。从图 7-8 可看到三年的电、水对比情况以及同期的电、水对比情况；从图 7-9 为可看到三年的电、水预算和现在实际情况的对比情况。

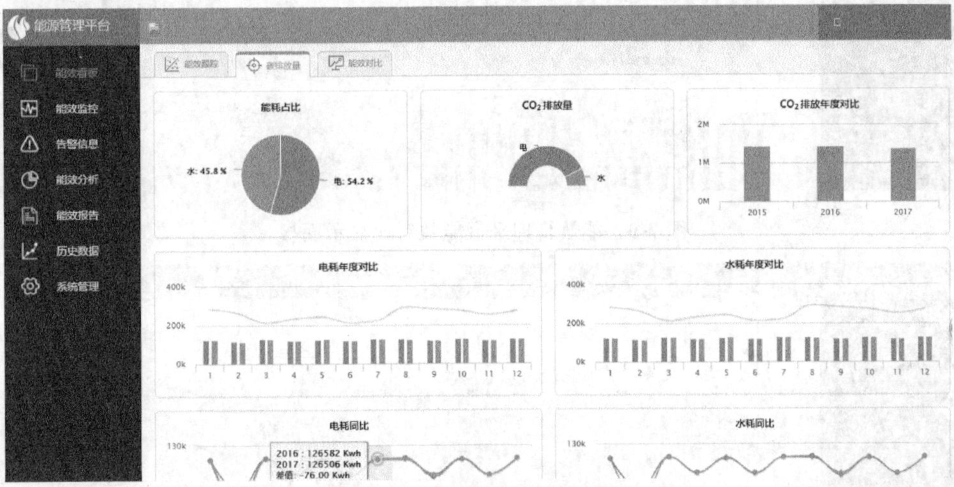

图 7-7　能效管理平台操作面板

可以选择告警信息模板，对能源所有监控点的报警信息进行汇总。可以查看实时报警信息（见图 7-10），还可以查看历史报警信息（见图 7-11）。

选择能效分析模板如图 7-12 所示，可以选择是按区域还是按系统查询，可以选择区域，也可以选择开始时间、结束时间查看能效分析，如图 7-13 所示，还可以选择曲线展示、列表展示、棒形图展示等不同展示方式。

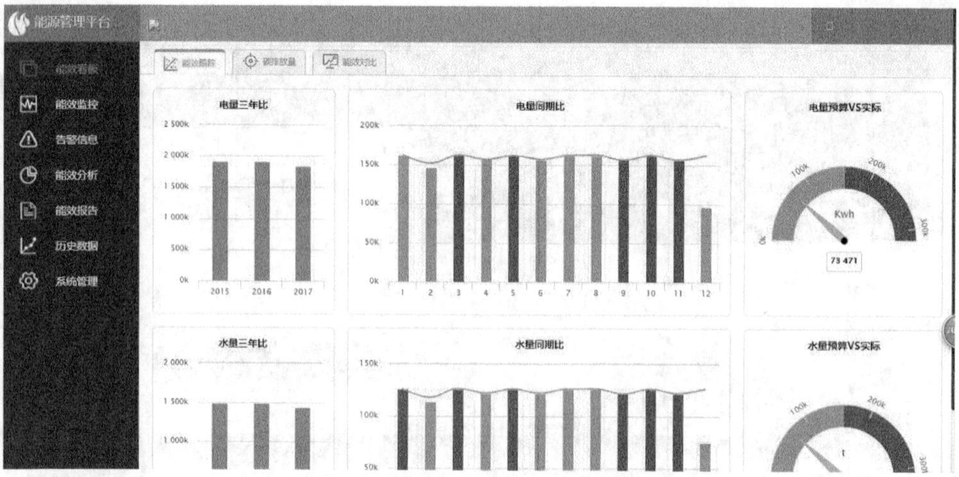

图 7-8　能效管理平台能效跟踪显示面板

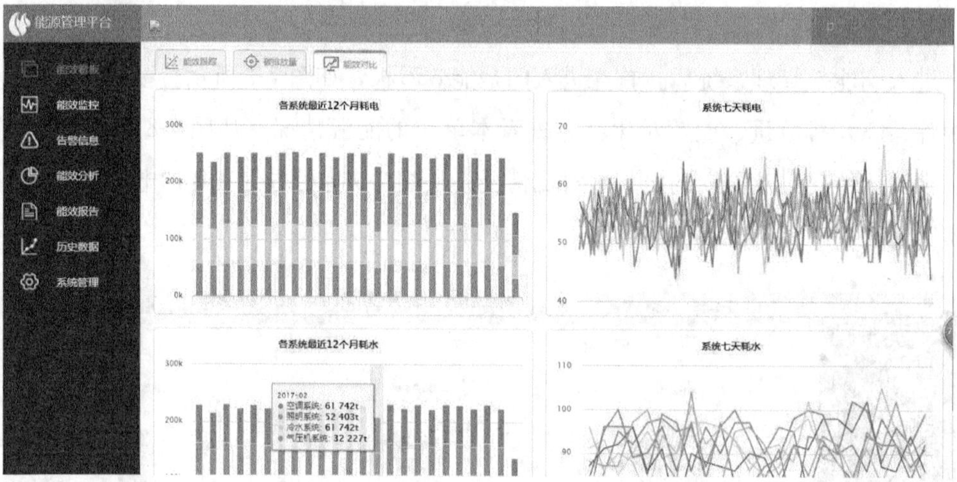

图 7-9　能效管理平台能效对比显示面板

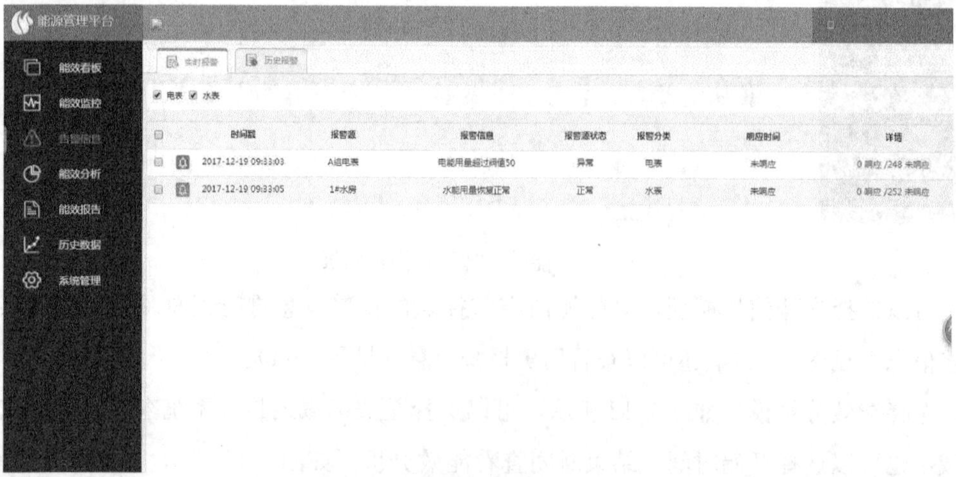

图 7-10　能效管理平台实时报警

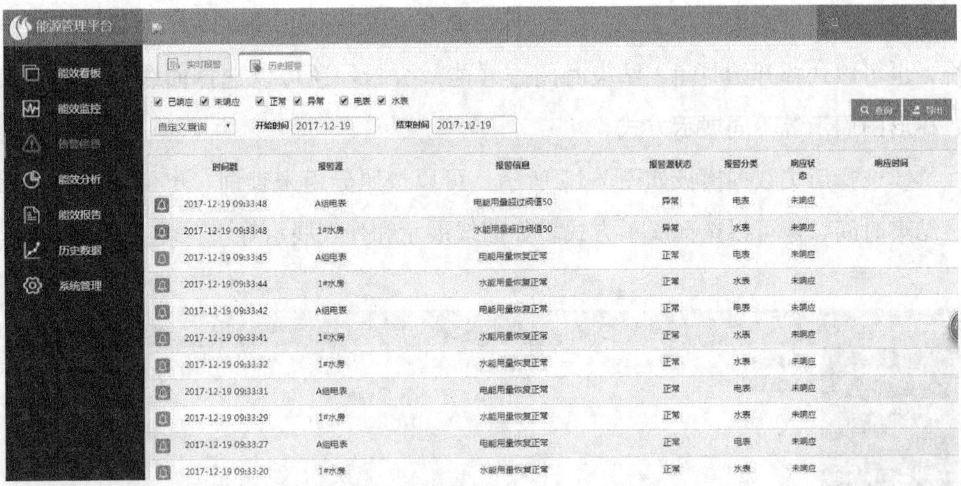

图 7-11　能效管理平台历史报警信息

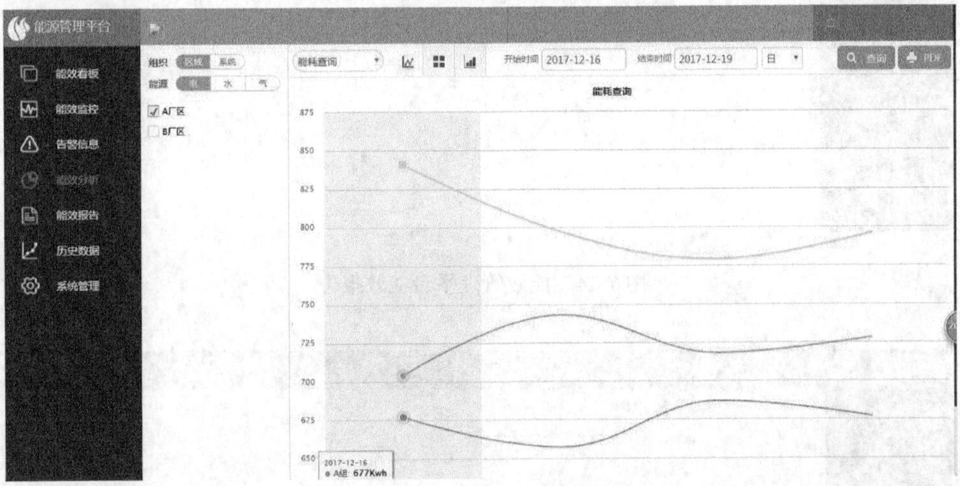

图 7-12　能效分析模板

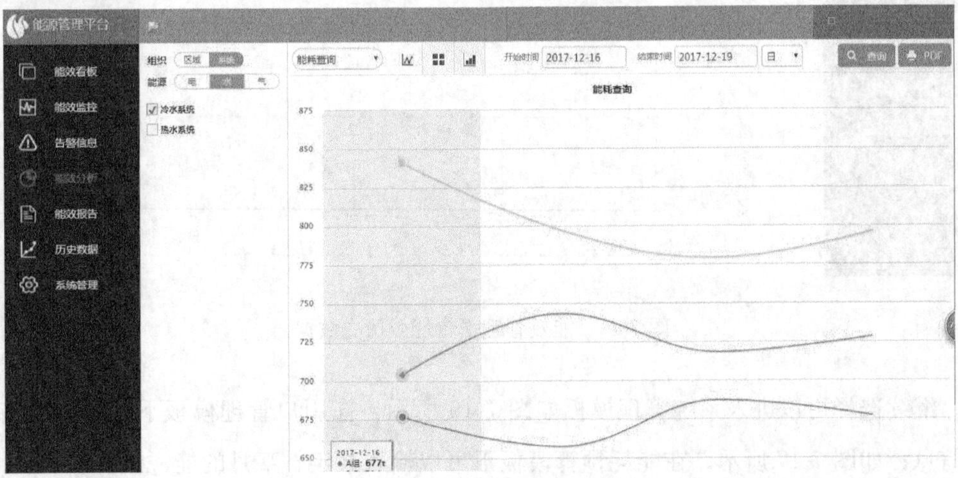

图 7-13　能效管理平台能效分析曲线

选择能效报告模板如图 7-14 所示，可以选择是按区域还是按系统查询，可以选择系统，也可以选择开始时间、结束时间查看能效分析，还可以选择曲线展示、列表展示、棒形图展示等不同展示方式。

继续选择历史数据模板如图 7-15 所示，可以按照分组来查询，也可以选择开始时间、结束时间，还可以选择展示方式，如曲线展示和列表展示等。

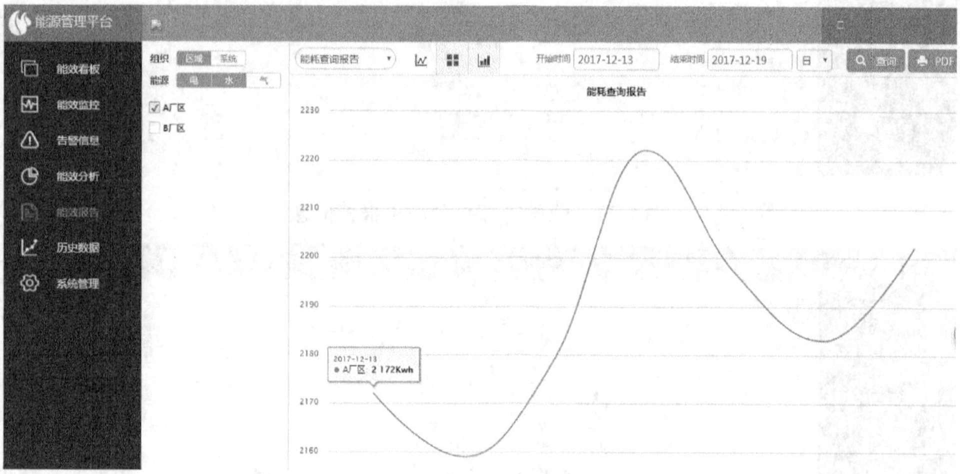

图 7-14　能效管理平台能效报告

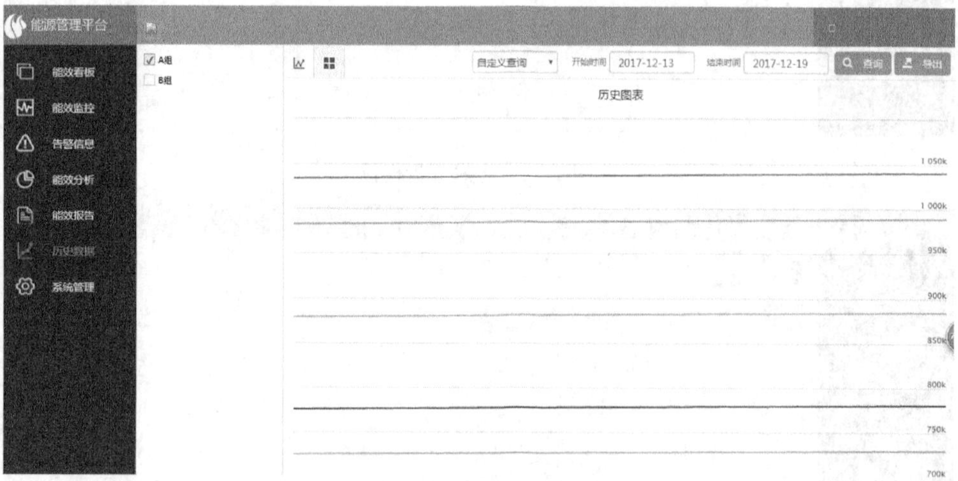

图 7-15　能效管理平台能效历史数据

继续选择可以进入系统管理模板如图 7-16 所示，在用户管理模板下会看到所有用户信息；如图 7-17 所示，在能耗预算模板下可以输入某年、某月的能源预算。

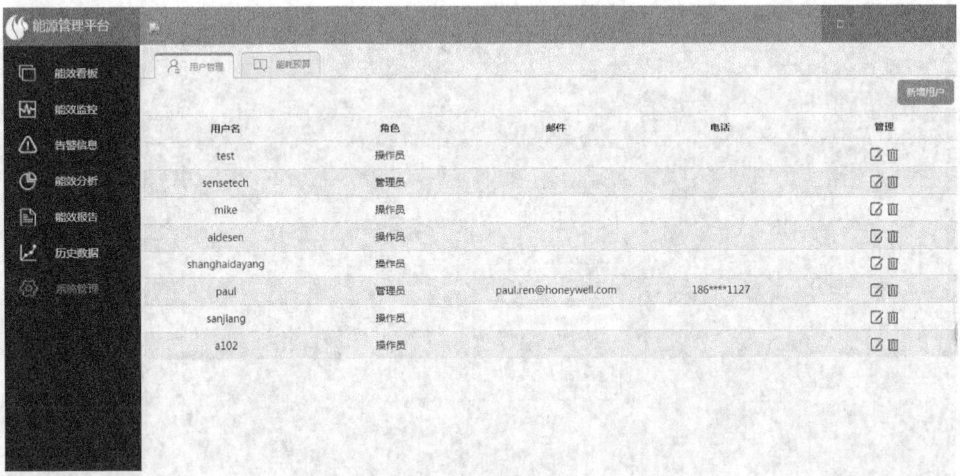

图 7-16　能效管理平台系统管理

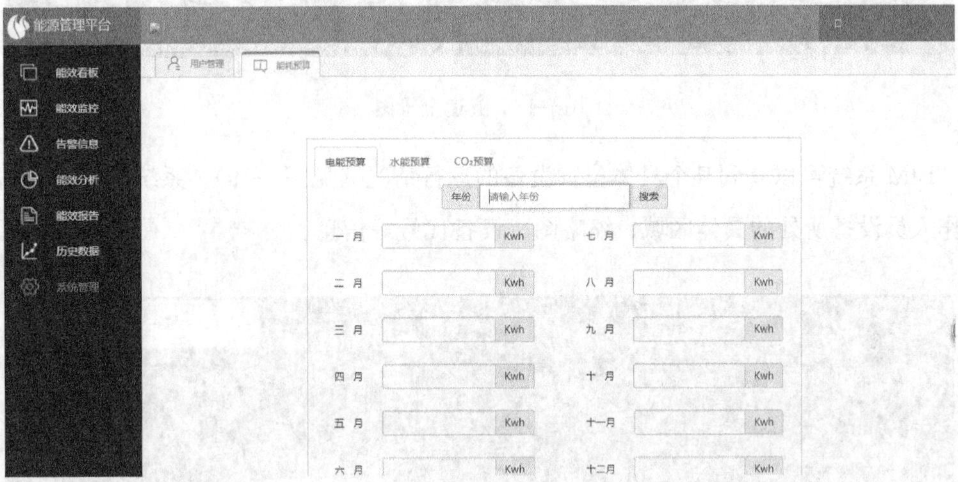

图 7-17　能效管理平台能源预算

7.3.6　数字可视化管廊

采用 BIM 三维可视化技术再造一个虚拟数字隧道，同时显示现场所有采集数据，包括物联网及互联网数据。

从 BIM 设计过程的资源、行为、交付三个基本维度，给出设计企业实施标准的具体方法和实践内容。BIM 不是简单的将数字信息进行集成，而是一种数字信息的应用，并可以用于设计、建造、管理的数字化方法。这种方法支持建筑工程的集成管理环境。

图 7-18 是隧道全景图，在这张全景图中能够直观地看到全部隧道的管线信息、人员信息、防火分区信息、设备数据。

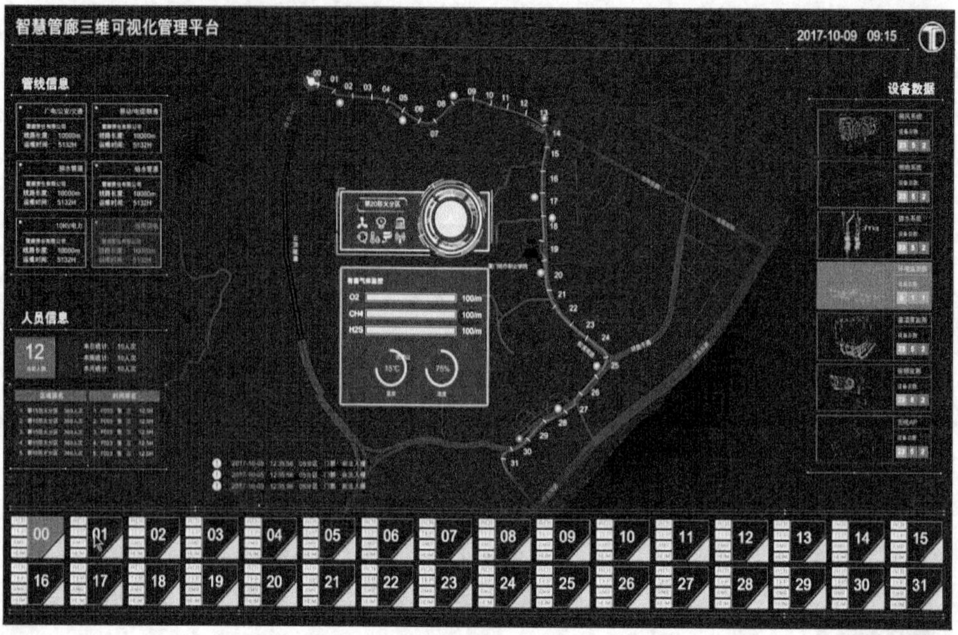

图 7-18　隧道全景图

BIM 系统可以看到某个具体位置设备的运行情况（见图 7-19）。系统会直观地告诉操作人员设备所处的具体区域、缩略图、设备代号等信息。

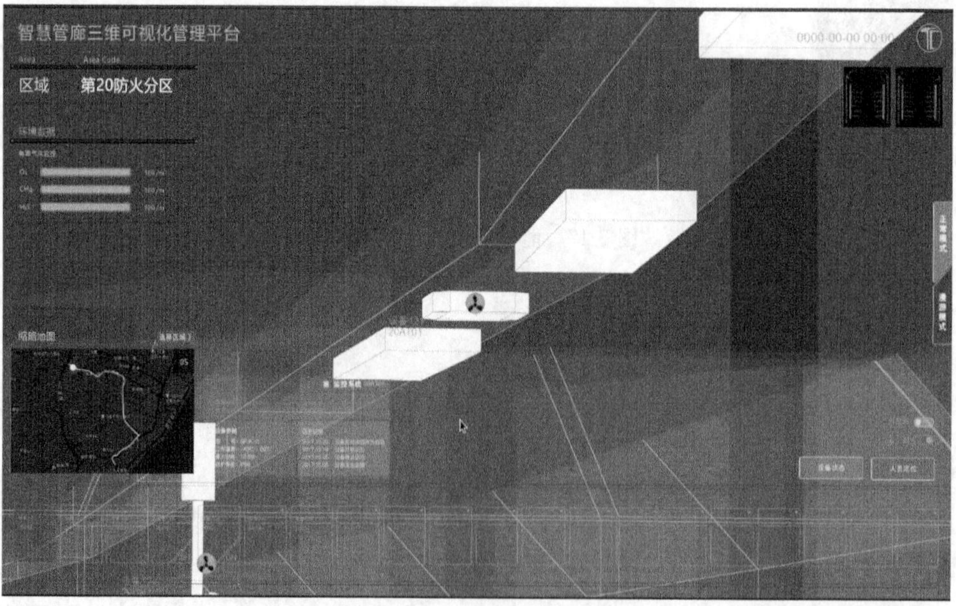

图 7-19　BIM 设备位置图

继续巡检，可以查看现场实际巡检人员的定位，找到某个巡检人员后可单击进入系统查看具体信息，能够查看到巡检人员进入隧道的时长、具体区域、缩略地图等（见图 7-20）。

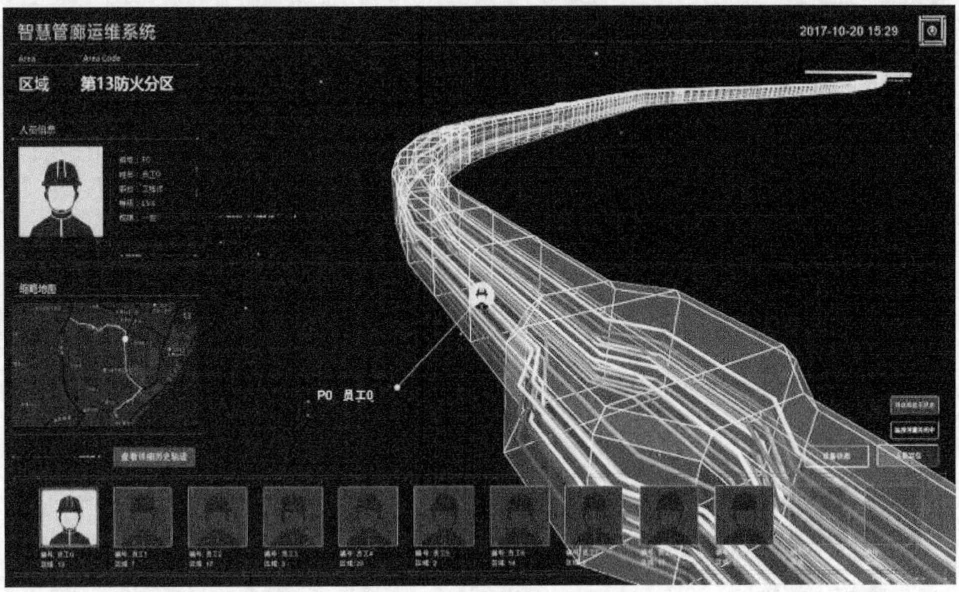

图 7-20　巡检人员位置图

7.3.7　管廊数字运维

针对不同需求、不同的运维管理深度，数字化管廊集成商提供不同的管理工具，包括 App、B/S 架构的管理平台、三维可视平台。具体管理范围如下。

1. 整体运管平台

（1）维修维保。

- 维保流程全面监控；
- 定期提醒、计划管理；
- 维修效果评判。

（2）设备运行诊断。

- 全面运行数据监控；
- 及早发现运行问题；
- 延长设备寿命。

（3）备品备件管理。

- 控制备品备件安全库存；

• 实时清点、及时备货；

• 全区域备件平衡，减少投资。

（4）设备设置管理。

• 设备设施随时清点、管理；

• 申请、采购、使用闭环管理；

• 资料电子化确保长期保存。

2. 对安全的管理

（1）救援与现场指挥。

• 救援与逃生路径；

• 现场信息及时共享。

（2）火灾监测与日常管理。

• 火灾定位；

• 灭火设施管理；

• 火灾处理。

（3）防闯入管理。

• 出入口闯入定位；

• 移动物体报警；

• 门禁管理；

• 视频联动。

（4）环境监控与报警。

• 有毒有害气体；

• 易燃易爆气体；

• 温湿度、水位、氧气；

• 现场报警与设备联动。

（5）结构健康监测。

• 结构沉降监测；

• 结构位移监测。

（6）人员安全监控。

• 全面掌握工作人员位置；

• 监测工作人员体征；

• 配合巡更、巡检。

习　题

1. 使用 RWG 实验箱完成一个温室智能化控制系统的设计，包含硬件连接、程序编辑以及使用西门子 Climatix HMI 完成组态设计。

2. 使用 RWG 实验箱完成一个智慧管廊智能化控制系统的设计，包含硬件连接、程序编辑以及使用西门子 Desigo CC 管理平台完成组态设计。

3. 思考 NB-IoT、LoRa、ZigBee 的无线通信技术与 RWG 如何进行接入。

4. 使用 RWG 实验箱完成一个采用 NB-IoT 通信技术的温室智能化控制系统的设计，包含硬件连接、程序编辑以及组态设计。

5. 使用 RWG 实验箱完成一个采用 ZigBee 通信技术的智慧管廊控制系统的设计，包含硬件连接、程序编辑以及组态设计。

参 考 文 献

［1］ 中国建筑科学研究院．GB 50736—2012 民用建筑供暖通风与空气调节设计规范．北京：中国建筑工业出版社，2012.

［2］ 清华大学建筑节能研究中心．中国建筑节能年度发展研究报告 2021（城镇住宅专题）．北京：中国建筑工业出版社，2021.

［3］ 张振亚，王萍，张红艳，等．建筑物联网技术．北京：中国建筑工业出版社，2022.